JN001829

戦略物資を支配するのは誰か

太田泰彦

日本経済新聞出版

はじめに――キャンプデービッドの精神

「きょう私たちは歴史をつくりました」

2023年8月18日、ワシントン近郊――。森のなかにたたずむ山荘「キャンプデービッド」で、第46代の米国大統領ジョー・バイデンは誇らしげに語った。

バイデンの両脇に、日本の首相、岸田文雄と、韓国大統領の尹錫悦（ユン・ソンニョル）が並び立つ。日米韓の3カ国だけで集まる首脳会談は初めてのことだ。バイデンの言葉は正しい。歴史的な一幕である。

だが、大きな仕事をやり遂げたというのに、3人は記者団に笑顔を振りまく様子もない。硬い表情の裏にあるものは何か。それは、いまや軍事的脅威となった中国と決然と向き合う意志。そして恐怖感ではなかったか。

バイデンに続いて岸田が語る。

「法の支配にもとづく自由で開かれた国際秩序が危機に瀕しています」

さらに尹大統領が落ち着いた口調でさらりと言った。

「共通の利益を脅かす緊急な懸案が発生した場合、迅速に協議して対応するチャンネルを立ち上げます」

新たな「チャンネル」が意味するものは、3カ国の軍事的なホットラインにほかならない。これから先は、ミサイルや攻撃、艦船の動きの警戒情報を共有する。米―日、米―韓と2国間で結んだ軍事同盟で築かれてきた東アジアの安保体制を、線から面へと進化させる宣言だった。

共同声明「キャンプデービッドの精神」に書かれたのは、軍事の安全保障だけではなかった。もう一つの隠れたキーワードは「グローバル・サプライチェーン」。重要な物資の取引がいまの状態のままでは、米日韓にとり死活的な急所になるという危機感である。文書には3カ国が力を合わせて死守すべき戦略的な技術として半導体が明記されていた。

3カ月後の11月14日――。サンフランシスコで開かれたアジア太平洋経済協力会議（APEC）のタイミングに合わせて、日米両国の政府は外務・経済閣僚会議（経済版2＋2）を設けた。ここでも合意の中心に据えられたのは、戦略物資、半導体のサプライチェーンである。経産相の西村康稔、米国務長官アントニー・ブリンケンら4人は、半導体の供給力、調達力を強くする政策での協調を誓い合った。

産業としてはライバルかもしれないが、通商政策では手を結ぶ。結束に隙があれば、中国に突かれてしまうからだ。国際競争でお互いに不利にならないためにも、補助金や優遇税制で意見をすり合わせておく必要がある。困ったときでも半導体の独り占めはやめよう、という約束である。

その2日後。同じ場所で開かれたインド太平洋経済枠組み（IPEF）の閣僚会議も熱気を帯びていた。こちらにはインド、インドネシア、オーストラリア、シンガポールなども加わった。重要な議題の一つは、再び半導体や希少な素材をめぐるサプライチェーンだった。
IPEFはバイデン政権が呼びかけた協力の枠組みである。太平洋を取り囲む国々だけでなく、西のインドまでを含む14カ国で巨大な経済圏を築く。中国は招かれていない。

その中国の習近平国家主席は、バイデンと会うためサンフランシスコに到着していた。1年ぶりの米中首脳会談である。米国が招集した国々は、同じ地にいる習の目と鼻の先で結束を誇示してみせたことになる。
4時間にわたる会談のなかで、習は米国による半導体の輸出規制に苦言を呈したという。バイデンは会談の後に、習を「独裁者」と呼んだ。

半導体が持つ戦略的な重みは増すばかりだ。本書の初版が出版された2021年の秋以降、世界情勢は急展開を続けた。ロシアがウクライナに侵攻し、イスラエルとハマスの軍事衝突が起きた。台湾海峡の緊張も高まっている。
これは第三次世界大戦の始まりではないか——。そんな不安が、人々の口から現実味を持って語られている。21世紀に起きるとは誰も想像していなかった恐ろしい出来事が、いま連続して私たちの目の前に立ち現れている。その暗い影のなかに半導体がある。

米政府は台湾、韓国の半導体メーカーの誘致を加速した。欧州連合（EU）でも域内での半導体生産をテコ入れする動きが強まっている。有事に備えた半導体の囲い込みである。日増しにきな臭くなる空気のなかで、米欧は半導体の自給自足に向って走り出している。

日本の動きも激しい。熊本では台湾積体電路製造（ＴＳＭＣ）の工場建設が驚異的なスピードで進み、台湾から１００人単位でエンジニアが熊本に流れ込んでいる。

未来のチップの国産化を目指して、新会社のラピダス（Rapidus）が２０２２年11月に設立され、そのわずか3カ月後には北海道の千歳で突貫工事が始まった。北海道の隅々から土木、建築の作業員をかき集めたため、他の地方の公共事業が止まってしまうほどだった。

急がねばならない。国を守るために国内で半導体をつくらなければならない――。世界各国がエゴをむき出しにして、有力企業を手中に収めようとしている。しかし、ただ競うだけでは、技術と人材の取り合いになり、共倒れになってしまう。だからこそ日米韓の視線は有志国の政策協調に移りつつある。

半導体は世界の裂け目を広げる鉈（なた）になる。各国を束ねる要石にもなる。国際情勢はこれからも目まぐるしく変化し、技術の開発競争も激しさを増すだろう。

米中対立の行方、各国の半導体産業が向かう先に、いったい何があるのか。近未来の世界の姿を思い描くためには、いま起きている個々の事象の裏に潜む国際政治のうごめきを透視しなければならない。

この増補版では、各章の構成を変えず、２０２３年末に至るまでの各国政府の政策、企業戦略の展開を踏まえて大幅に加筆、修正した。不透明さを増す世界地図の解像度を高めるのが、本書の狙いである。

２０２４年１月

太田　泰彦

目次

Ⅱ　デカップリングは起きるか

Ⅲ　さまよう台風の目——台湾争奪戦

IV　習近平の百年戦争

V　デジタル三国志が始まる

VI 日本再起動

VII 隠れた主役

Ⅷ　見えない防衛線

終章　２０３０年への日本の戦略

キープレーヤー一覧

中国

華為技術（ファーウェイ）　米国の制裁の標的となった通信機器メーカー
海思半導体（ハイシリコン）　ファーウェイの半導体子会社
中芯国際集成電路製造（SMIC）　国策ファウンドリー
中微半導体設備（AMEC）　最有力の製造機器メーカー
上海微電子装備（SMEE）　大手露光装置メーカー
長江存儲科技（YMTC）　紫光集団傘下のメモリー大手
長鑫存儲技術（CXMT）　有力メモリーメーカー
中科寒武紀科技（カンブリコン）　AIチップメーカー
BAT　中国の代表的プラットフォーマー（バイドゥ、アリババ、テンセント）
紫光集団　中国最有力とされた半導体企業

台湾

台湾積体電路製造（TSMC）　高度な加工技術を持つ世界最大のファウンドリー
工業技術研究院（ITRI）　半導体産業を築いた影の主役

韓国

サムスン電子　ファウンドリー事業も手がける韓国最大手の半導体メーカー
SKハイニックス　キオクシアに間接出資する韓国第2位の半導体メーカー

シンガポール

EDB（経済開発庁）　海外の半導体企業を誘致する政府機関

米国

国防総省DARPA（国防高等研究計画局）　軍事技術の研究開発を主導する政府機関
商務省BIS（産業安全保障局）　対中制裁を打ち出す政府機関
オープンAI　ChatGPTを開発した生成AIの先駆者
IBM　チップ開発や量子コンピューターも手がける巨大企業
アップル　独自開発でチップをつくる情報大手
アドバンスト・マイクロ・デバイセズ（AMD）　インテルを追うCPUメーカー
アプライド マテリアルズ（AMAT）　世界最大の半導体製造機器メーカー
インテル　自社生産する世界1位の半導体メーカー
ウエスタンデジタル　キオクシアと経営統合を目指すメモリー大手
エヌビディア　AI用の画像処理チップを得意とするファブレス企業
クアルコム　スマホ用チップに強いファブレス企業
グローバルファウンドリーズ（GF）　米国最大のファウンドリー
マイクロン・テクノロジー　日本に工場があるメモリーの米国最大手
GAFAM　チップを自社開発する巨大プラットフォーマー

欧州

アーム　電子回路を開発・設計する英国のファブレス企業
ASML　高度な露光装置を独占製造するオランダの製造機器メーカー
IMEC　世界のエンジニアが集まるベルギーの非営利研究機関
インフィニオンテクノロジーズ　シーメンスから独立したドイツ半導体メーカー
NXPセミコンダクターズ　フィリップスから分離したオランダ半導体メーカー

日本

STマイクロエレクトロニクス　仏伊を中核とする半導体メーカー
ラピダス（Rapidus）　2ナノ技術でチップ量産を目指す新会社
自民党半導体議連　甘利明を中心に経済安全保障政策を練る政治家グループ
経済産業省　国内企業の支援と外国企業の誘致を進める霞が関官庁
ソニー　TSMCと連携する光学センサー世界最大手
NTT　光と電子を融合する「IOWN構想」を打ち出した通信キャリア
キオクシア（旧東芝メモリ）　NAND型フラッシュメモリーの世界大手
ソシオネクスト　高度な専用チップに特化したファブレス企業
d.lab（ディーラボ）／RaaS（ラース）　TSMCと連携する東京大学の戦略的組織
東京エレクトロン　製造機器の世界大手
富士通　スーパーコンピューター「富岳」のチップを開発した情報通信メーカー
三菱電機　防衛関係、パワー半導体に強い総合電機メーカー
ルネサス エレクトロニクス　三菱電機、日立製作所、NECの部門を統合した汎用チップメーカー

半導体関係図

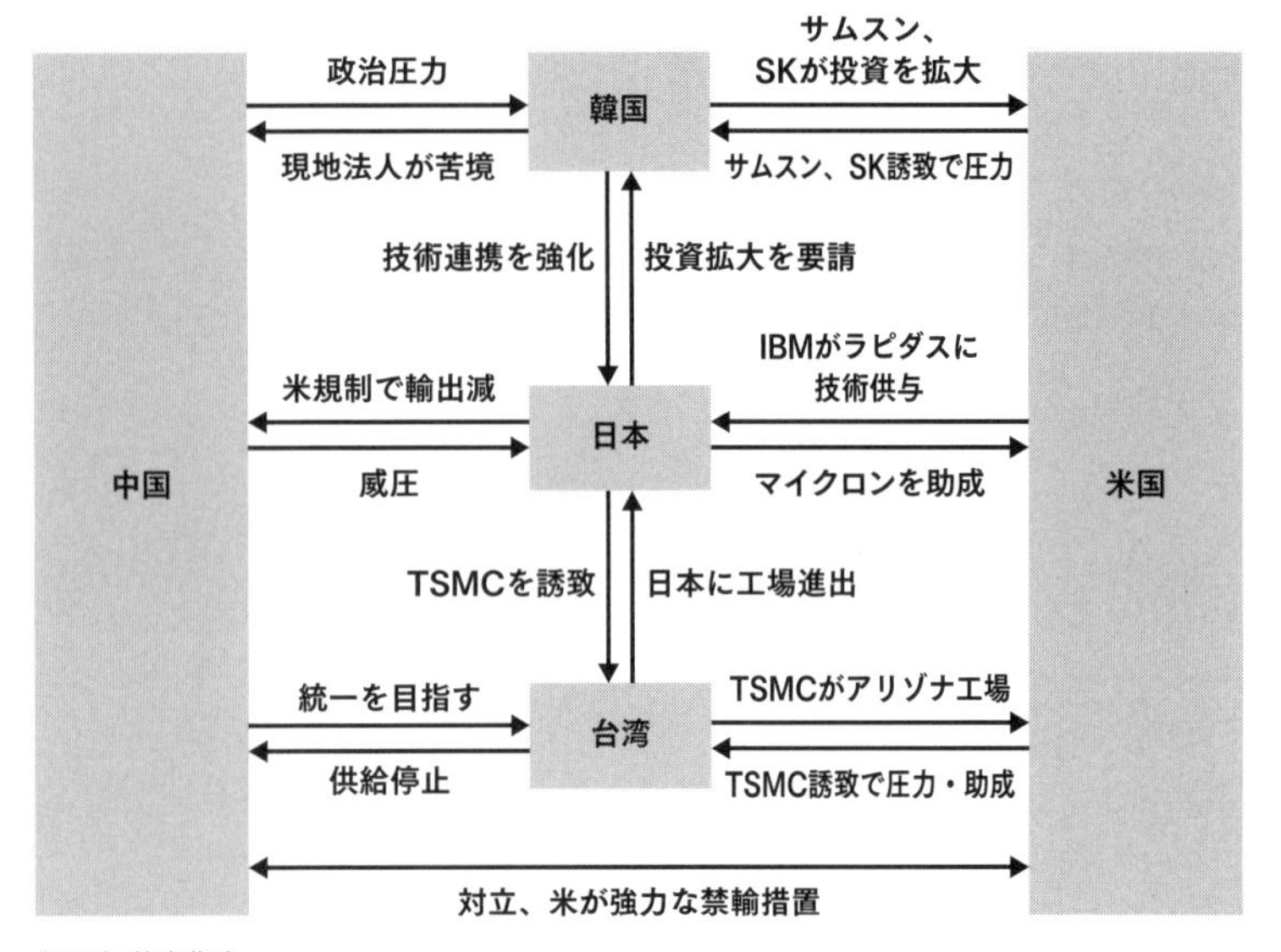

（出所）筆者作成

序章
司令塔になった ホワイトハウス

「半導体CEOサミット」でウエハーを掲げるバイデン（提供：共同通信社）

1　始まりはルーズベルト・ルーム

半導体ＣＥＯサミット

２０２１年４月12日午後――。

第46代米国大統領のバイデンは、ホワイトハウスの西棟にある「ルーズベルト・ルーム」に現れると、長いテーブルの端に腰を下ろした。

普段は補佐官やスタッフであふれる会議室だが、この日の出席者は３～４人しかいない。その代わりにテーブルの脇に大きなモニターが置かれていた。

バイデンの左側に構えるのは国家安全保障担当のジェイク・サリバン大統領補佐官。その隣で分厚いファイルを広げているのはジーナ・レモンド商務長官だ。国家経済会議（ＮＥＣ）のブライアン・ディース委員長（当時）も、向かい側で背筋を伸ばして座っている。バイデンの下で経済政策、安全保障政策を担う政権中枢の面々である。

ホワイトハウスはこの会議を「半導体ＣＥＯサミット」と呼んだ。小さく区切られたモニターの大画面のなかに顔を並べているのが、オンラインで出席した企業経営者19人だ。グーグル、ゼネラル・モーターズ（ＧＭ）、フォード・モーター、インテル、マイクロン・テクノロジー……。バイデンが身ぶりを交えて熱弁を振るっている間、出席者の全員が画面のなかで神妙な面持ちでじっとしている。

米国製ウエハーを片手に決意表明

バイデンはこの日に受け取ったという1枚の書簡を読み上げ始めた。差出人は議会上下両院の議員72人。民主・共和両党の超党派の議員グループである。

「中国共産党は半導体サプライチェーンを再編して支配する侵略的な計画を抱いている」

書簡の文言は、怒りに満ちていた。中国を何度も名指しで批判する。文面に「CCP」の3文字が盛り込まれている。中国共産党（Chinese Communist Party）のことだ。

「当初の法案で提案されていたレベルを超えて、半導体産業を支援する予算案に賛同していただきたい。中国に対抗して競う力をつけ、我が国の経済の競争力、強靭な回復力、さらには国家安全保障を強化するための総合的な政策を、我々議会と協力して検討していただきたい」

書簡を読み上げるバイデンは、「国家安全保障」という言葉に力を込めた。議員たちの主張に我が意を得たとばかりの表情。そして、手元に用意していた半導体ウエハーを高く掲げて見せた。米国製のウエハーだ。

バイデンは、自分ではなく議員たちが書いた文章を拝借して、自らの思いをぶつけていた。照明を反射して、ウエハーが虹色にキラリと光った。

「これこそがインフラです」

20世紀までのように道路や橋だけではなく、21世紀のインフラの主役は半導体である。その半導体サプライチェーン（供給網）を確保する競争で、中国に後れをとってはならない。日韓など同盟国との連携も強くしなければならない。もはや我々米国が圧倒的に優位な立場にいるわけではない――。

そんな焦りがバイデンのスピーチににじみ出ていた。

「中国も、世界の他の国も待ってはくれません。米国が待たなければならない理由もありません」

バイデンの決意表明だった。中国と対峙する主戦場は半導体にある。政府、議会、産業界が一体となって中国と戦う。国を挙げての総力戦を仕掛ける。その指揮を執る司令塔が、ホワイトハウスだ――。

「私たち米国が再び世界をリードします」

この日から、半導体産業をテコ入れするワシントンの動きが加速することになる。

2 もはや半導体はコメではない

狙われる社会インフラ

この本では半導体をめぐる国際政治と産業の変容を、地政学の視点で考えていきたい。

半導体はさまざまな工業製品に欠かせない部品であると同時に、政治的にユニークな特性がある。経済を支える柱となるだけでなく、敵対する国を追い詰める武器として使うこともできる。

伝統的な地政学とは、地理的な条件が国際政治にどう作用するかを考える方法論を指す。陸の地形や海洋の位置関係などから、国家、民族の間で起きる紛争や生き残り戦略を分析する手法だ。

戦争は基本的に「場所取り競争」である。歴史を通して世界の国々は、より広い領土、より良い位置を求めて争ってきた。自分たちが支配できる土地を確保し、相手に押し込まれないために、軍事力を高め、外交の知略をめぐらせるのが国際政治である。

優れた戦術家は、戦況を有利にする要所を地形から読み取り、どこを攻め、どこを守ればよいかを敵より早く見つけ出す。それは攻略されにくい山岳地であるかもしれないし、海上輸送の基点となる湾岸部であるかもしれない。

だが、現代の地政学はどうだろう。陸と海を制するだけでは、優位に立つことはできない。覇権競争のもう一つの舞台が、デジタル情報が行き交うサイバー空間だ。

仮想的なデータの受け皿となり、電子的に処理するハードウエアこそが、半導体にほかならない。

その戦略的な価値は高まり、国際情勢を考えるうえで欠かせない要素となった。米国と中国だけでなく、台湾、韓国、シンガポール、ドイツなど、世界に不穏な空気を感じ取った国々は、一斉に自分の国の半導体産業を強くしようと走り出している。乱世に国を守る力が、小さなチップのなかに詰め込まれていると考えているからだ。

バイデンが半導体CEOサミットで語った言葉は間違っていない。

半導体はあらゆる製造業、サービス業に欠かせない部品であり、半導体がなければ人々の生活は成り立たない。人々の暮らしを見えない場所で支える社会インフラと呼べるだろう。

インフラであるならば、そのサプライチェーンを攻略することで、敵対する国の社会を崩壊させることもできる。核兵器やミサイルだけでなく、半導体の供給を断つ方が、攻撃手段として有効であるかもしれない。

プラットフォーマーの心臓

２０３０年の社会を展望してみよう。ビッグデータが社会を駆動する時代の主役は、プラットフォーマーと呼ばれる企業群である。

米国ではグーグル、アップル、フェイスブック、アマゾン、マイクロソフトの「ＧＡＦＡＭ」が一段と力をつけ、中国でも百度（バイドゥ）、阿里巴巴集団（アリババ）、騰訊控股（テンセント）などが成長するだろう。よほどの政府の介入がない限り、彼らがいままで以上に巨大な存在となるのは間違いない。

かき集めた情報はデータセンターに蓄える。膨大なサーバーや記憶装置が詰め込まれたデータセンターが、世界のあちこちに隠れている。

20世紀の産業の姿を思い出してみよう。プロイセン王国の首相ビスマルクが「鉄は国家なり」と語り、国の力の象徴は鉄鋼業だった。

そびえ立つ高炉には圧倒的な存在感がある。てっぺんまでを見上げると鉄鋼会社の心臓を見た気持ちになったものだ。

現代の基幹産業となったプラットフォーマーでは、心臓にあたるのがデータセンターである。そして、その心臓を形づくる一つひとつの細胞が半導体だ。とりわけ、膨大な量のデータを超高速で処理する人工知能（ＡＩ）専用のチップが、データセンターには欠かせない。

自動車にも最低でも30個、高級な車では１００個以上の半導体チップが搭載されているという。機能が凝縮されたＡＩチップの採用が進む電気自動車（ＥＶ）が普及すれば、半導体の役割は間違いなく重くなる。さらに人間の操作が要らない自動運転が実用化すれば、車は半導体のかたまりのような電気製品となる。

１９８０年代に半導体は「産業のコメ」と呼ばれたが、これからは違う。コメから連想されるのは大量生産で安価な汎用部品だった。社会のデジタル・トランスフォーメーション（ＤＸ）が進めば、さまざまな異なる仕事をする少量生産の専用チップが必要になる。そのなかの多くは「考える力」を備えた個性的なＡＩチップだ。半導体の開発の仕方、つくり方は、がらりと変わるだろう。もはや半導体は「コメ」ではない。

3　新・冷戦の戦略物資

軍事力の要

半導体のもう一つの重要な側面も忘れてはならない。国家の安全保障を左右する戦略物資としての価値だ。

たとえば兵器。２０２２年２月に起きたウクライナ危機では、数千機ともいわれる大量のドローンが使われた。２０３０年には、ＡＩチップを搭載したロボット兵器やドローンが当たり前のように配備されるだろう。国防の生命線である通信網も、高速で情報を処理する半導体がなければ機能しない。機密性が高い専用チップが軍事力を決めるといっても過言ではない。

攻撃の要となるミサイルも同じだ。「空母キラー」と呼ばれる極超音速ミサイルは、マッハ5～10のスピードを出し、あまりにも速すぎて迎撃が難しい。史上最強の兵器だった航空母艦の力を無効化するゲームチェンジャーになるといわれている。ミサイルの頭脳は、そのために設計された特別な半導体チップだ。

ロシアのウクライナ侵攻では、ロシア側がこの極超音速ミサイルを使った可能性がある。21年3月末に北朝鮮が発射した一連のミサイルは、極超音速ミサイルの実験だったと分析する専門家もいる。中国軍も同様のミサイルの発射実験に成功したと伝えられる。

本格的な配備が進めば、南シナ海、東シナ海での軍事バランスが崩壊する恐れがある。搭載されている半導体チップは、誰が開発し、どこから調達したのか……。

さらに見逃せないのは、そのミサイルや空母ですらかなわない新たな兵器が実戦で使われ始めたことだ。2020年9月に黒海とカスピ海に挟まれたコーカサス地方で起きたアゼルバイジャンとアルメニアの紛争は、両陣営の「半導体の戦い」だった。

勝敗を決めたのは、アゼルバイジャン側が投入した偵察・自爆ドローンである。アゼルバイジャンを支援した隣国のトルコ軍が、国境の向こう側からドローンを飛ばし、自然の要塞であるはずの山岳地帯で攻撃対象をピンポイントで爆破したからだ。トルコの背後で密かに技術を供与していたのはイスラエルだと分析する諜報関係者もいる。

アルメニアの後ろ盾だったロシア製のドローンは、飛ぶことすらできなかったといわれている。その理由の一つは搭載された半導体の性能の差だ。

イランを訪問しハメネイ師、ライシ大統領と会談するプーチン露大統領（2022年7月19日）
（提供：Office of the Iranian Supreme Leader/AP/アフロ）

そしてウクライナとロシアの戦いは、ドローン戦争となった。トルコ製の最新鋭ドローン「バイラクタルTB2」を大量に調達したウクライナは、ロシアの地上部隊に対して圧倒的な優位に立った。

慌てたロシア大統領のウラジミール・プーチンは、22年7月に電撃的にイランを訪問し、最高指導者ハメネイ師やライシ大統領と会談している。この時プーチンは、イランが開発した攻撃ドローン「シャヘド」の提供を増やすよう頼み込んだようだ。では、そのドローンの性能を決める半導体を、イランはどこから買っているのか……。

半導体の力によって、極めて巨大で高価な航空母艦を大人数で動かす20世紀型の戦争が終わる。これからは、少数の低コストの兵器を少数の人間が操作する技術が、軍事力の要となる。

戦争だけではない。２０２０年には、日本経済の首を絞める事件が国内の各地で起きた。半導体工場の火災が引き金となり、自動車メーカーの操業が止まる事態に陥ったのだ。半導体の供給が断たれれば、産業は簡単に麻痺してしまう。サプライチェーンを支配すれば、経済を生かすことも、殺すこともできるという恐しい現実が浮き彫りになった。

半導体を制する者が世界を制する

米ソ冷戦時代の対共産圏輸出統制委員会（ココム）を思い出していただきたい。西側諸国は輸出規制で連携し、東側への戦略物資の流出を防いだ。

第二次世界大戦の時代には、大日本帝国がＡＢＣＤ包囲網で石油供給を断たれ、太平洋戦争に突き進んでいった。

大戦の終盤には、米軍が完成したばかりの巨大爆撃機Ｂ29を前線に投入し、真っ先に北九州の八幡製鉄所を爆撃した。当時の日本経済の心臓である高炉を破壊することが、日本を追い込む早道だったからだ。

いまは半導体がその立場にある。バイデン政権が22年10月に、中国への半導体や製造装置の供給を禁止する強力な輸出規制を打ち出したのも、中国の半導体産業に壊滅的な打撃を与えるためだった。これからは現代の〝西側〟の政府が、中国との貿易を制限する流れが一段と加速していくだろう。米中両大国に限らず、半導体を確保することが、世界の国々の生死を決める国家安全保障政策となっていく……。

世界で1年間に出荷される半導体チップの数は、１９８０年には約３２０億個。それが２０２０年には1兆３６０万個に膨れ上がった。２０３０年までには2兆～3兆個に達するとの予測もある。まるで人間社会が半導体に埋め尽くされるかのようだ。

半導体を制する者が世界を制する――。

世界各国の政府、企業の動きを、世界地図を広げながら地政学の視点で読み解いていこう。指先に乗るほどの小さな半導体チップを通して、２０３０年の世界を展望してみたい。

I

バイデンのシリコン地図

アリゾナ州フェニックス遠景（提供：共同通信社）

1　砂漠の磁力──アリゾナに集結せよ

シリコンデザート

米国アリゾナ州の州都フェニックスは、砂漠のなかにある。夏には日中の最高気温は時に摂氏50度に達し、降雨量は極端に少ない。サボテンに囲まれた荒涼たる風景を想像する人が多いだろう。だが、実際のフェニックスは米国で常に「住みたい町」の上位にランクされ、フロリダ州のマイアミなどと並んで引退後の生活の場として人気が高い都市だ。グランドキャニオンが近いこともあり、多くの観光客も引き寄せる。

フェニックスにはもう一つの顔がある。ＩＴ産業の集積地としての側面だ。当初はカリフォルニア州のロサンゼルスやシリコンバレーに後れをとっていたが、土地の広さや安い労働力に引かれて、１９９０年代からフェニックスに多くの企業が流れ込んだ。

乾燥した空気が精密機械に向いていたという説もある。山に囲まれたシリコンバレーと対比して、「シリコンデザート（砂漠）」などと呼ばれることもある。

そのフェニックスがいま、文字通り、熱い。米政府が世界から半導体メーカーをこの町に呼び込んでいるからだ。世界のサプライチェーンを改造するバイデンの半導体戦略の中心に、灼熱のアリゾナがある。

図表1-1　アリゾナ州

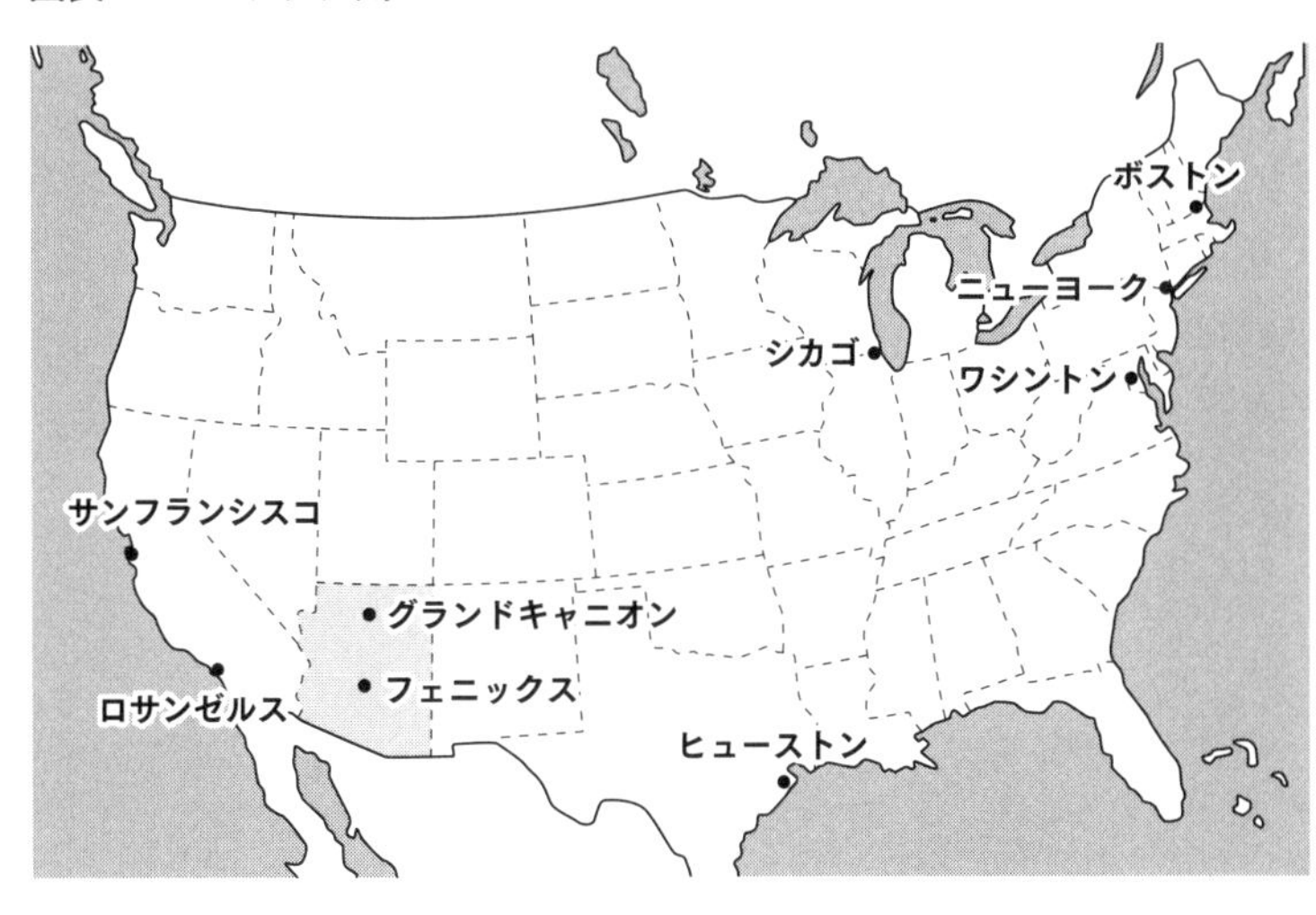

ＴＳＭＣ進出の裏事情

２０２０年５月15日――。半導体を受託生産するファウンドリーの世界最大手、台湾の台湾積体電路製造（ＴＳＭＣ）が、アリゾナに工場を建設する計画を発表した。

同社の声明文をよく読んでみよう。

「このプロジェクトは、活力と競争力に満ちた米国の半導体エコシステムにとって、決定的、かつ戦略的に重要な意味がある」

「米国の企業が最先端の半導体製品を、米国の国内で製造することを可能にし、世界一流のファウンドリーとエコシステムの近くにいる恩恵を得られる」

回りくどい表現に違和感を持つのではないだろうか。工場進出に「重要な意味がある」のはＴＳＭＣ自身にとってではなく、米国の半導体エコシステムにとって「重要な意味がある」と記している。ＴＳＭＣは必ずしも自ら望んでアリゾナに行くわけではない。米政府の強力な働きかけで進出を決めたという裏事情が、声明の文面に透けて見える。

声明文は冒頭で、この計画が「米連邦政府とアリゾナ州が支援するという理解と約束」にもとづく決定であるとも明記している。工場進出はするけれど、十分な補助金を出すことを忘れてくれるなよ、と念を押しているわけだ。

怪物企業の実力

ＴＳＭＣは技術力でも規模でも、世界のどのファウンドリーが逆立ちしてもかなわない怪物のような巨大企業だ。ＡＩチップで独り勝ちとなったエヌビディア、アップル、クアルコムなどの米国の大手をはじめ、世界のほとんどの半導体メーカーが製造を委託し、ＴＳＭＣの生産力なくしては製品を市場に送り出せない。

特に微細加工の技術は同社の独壇場といっても過言ではない。工場は極秘の技術とノウハウの結晶であり、たとえば独自に開発したシリコンウエハーを運ぶ「箱」は、一つで数千万円の価値があるとされる。下請け企業として、メーカーから製造を請け負うのではない。むしろ世界の半導体メーカーの方がＴＳＭＣに依存しているのだ。

日本のエンジニアがこんな表現をしていた。

「誰もが量産はとても無理だと思う設計でも、ＴＳＭＣは、よし、なんとかしましょうと製造を引き受けてくれる。実際にどうやってつくるのか分からないが、とにかく本当にモノができてくる。とびきり優秀な人材と莫大なカネが、この会社に集まっている」

自民党幹事長（当時）の甘利明は、図面からモノをつくり上げる同社の技術力を、１９６４年の東京オリンピックで建造された国立代々木競技場にたとえる。

「建築家の丹下健三は、ワイヤーで屋根を吊り下げるアイデアで世界をアッと言わせた。奇抜すぎて建造は不可能と見られたが、清水建設と大林組が実際に建ててしまった」

当時の日本のゼネコンが気概を見せて出したような火事場の馬鹿力を、ＴＳＭＣは常に維持しているという見立てだ。

匠の技を米国に――サプライチェーン完結の野心

その匠の技を米国に誘い込むのが、バイデンの半導体戦略の最大の眼目だ。米国には設計に優れる企業が揃っているが、モノづくりとなると心もとない。有力なファウンドリーは国内になく、ウエハーの切断やパッケージングなどを経てチップとして完成する後工程を担う企業もほとんど存在しない。

米政府はこう考えたはずだ。ＴＳＭＣの工場を誘致すれば、米国内でサプライチェーンが切れ目なくつながる。同社を追いかけて、後工程の企業や、素材メーカー、機器メンテナンス企業もアジアから進出してくるだろう。ＴＳＭＣを核にして新しいエコシステムをアリゾナに築くことができる――。

バイデン政権の発想は、実のところ極めて単純だ。

半導体の国ごとのシェアを分野別に示した図を見てみよう（図表１―２）。

ほとんどの領域で既に米国が首位を占めていることが分かるだろう。足りない部分といえば、製造

図表1-2　半導体の主要技術のほとんどは米国が握る（分野別市場シェア）

	市場規模（10億ドル）	米国	台湾	欧州	日本	中国	韓国
半導体チップ（最終製品）	473	51%	6%	10%	10%	5%	18%
設計ソフト	10	96%					
要素回路ライセンス	4	52%		43%		2%	
半導体製造装置	77	46%		22%	31%		
ファウンドリー	64	10%	71%			7%	9%
製造後工程	29	19%	54%			24%	
ウエハー	11		17%	13%	57%		12%

（注）濃いグレー＝シェア1位、薄いグレー＝2位、5％未満は省略
（出所）2020年時点の企業・業界の各種データより作成

後工程とウエハーだけだ。

かつて「半導体大国」だった日本が首位なのは、ウエハーだけにすぎない。日本が強いとされる半導体製造装置も、全体で見れば米国企業のシェアが大きい。

たとえばウエハーに薄膜を形成する装置や、研磨する装置は、ほぼ米国のアプライド マテリアルズ（AMAT）の独占状態だ。検査装置はKLAテンコール、エッチング装置はラムリサーチなど、いずれの製造装置でも米企業が首位を独占する。

東京エレクトロンやSCREENホールディングスなどの日本勢は、たしかにいくつかの領域ではトップシェアを握るが、製造装置全体で見れば米企業、とりわけAMATの存在感が圧倒的だ。

しかし、実際にチップを製造するファウンドリーと製造後工程を見ると、台湾のシェアが突出して大きい。この部分をなんとかしなくては……。

バイデン政権の狙いは、米国に足りない製造分野の穴埋めである。自前のサプライチェーンを築けば、外国から守

ることも、外国を攻めることもできるようになる。台湾のＴＳＭＣを呼び込む作戦は、チェーンを米国の国内で完結するためであった。

ビジネスの論理は貫けるか

ＴＳＭＣのアリゾナ工場は２０２１年に着工。25年をめどに生産を始める。回路線幅が5ナノメートルの最先端の技術を使って月産２万枚のウエハーを量産する予定で、投資額は１２０億ドル（約１兆８０００億円）にのぼる。内訳は明らかにしていないが、かなりの部分は米連邦政府の助成金だとみられる。

連邦政府だけでなくアリゾナ州政府やフェニックス市も動いている。２０２０年末には工業用水、産業道路、排水処理施設などのインフラを整備する２億５０００万ドルの予算を市が確保した。ただ、ＴＳＭＣは着工ぎりぎりまで米国政府と交渉を続けていたようだ。米国生産の採算性に疑問を感じているからだろう。

さらに22年12月には第２工場の建設を発表している。こちらには3ナノの技術を移転し、26年から量産を始める。第1、第２を合わせた総投資額は実に４００億ドル（約6兆円）。日本の国の防衛予算とほぼ等しい金額が、たった一つの企業の工場建設に注ぎ込まれることになる。

アリゾナ進出を決めた同社の声明文は、さらにこう続く。

「このプロジェクトが成功するためには、米国が先を読んだ投資政策を採り、米国内で最先端の半導体技術の事業展開を可能とするような、グローバルな競争力のある環境を用意することが必須である」

これも回りくどい文言だが、要約すれば「補助金を含めて米政府が手厚い支援をすると言うから渋々進出を決めた」という意味だ。

米国での工場建設は台湾より2～3倍のコストがかかるとされ、その差を補助金で埋めてもらわない限り、ＴＳＭＣの事業は成り立たない。

サプライチェーンを手中に収めたい米政府の国家安全保障の論理、ビジネスとしてペイさせなければならないＴＳＭＣの企業経営の論理――。相容れない２つの価値観が、誘致計画の裏側で激しくぶつかり合っている。

アリゾナに投資するのはＴＳＭＣだけではない。世界首位の半導体メーカーである米インテルは21年3月23日、同州で２００億ドル（約３兆円）を投じて新工場を建設すると発表した。

フェニックスに隣接するチャンドラー市に2つの工場を建ててファウンドリー事業にも参入し、他の半導体メーカーから製造を請け負う計画だ。インテルが目標とする工場の稼働は24年。ＴＳＭＣとほぼ時期が合っている。

これまで自社製品だけを生産していた半導体の王者インテルが、工場を他社に開放する。シナリオを書いたのはバイデンの側近たちだろうか。

商務長官のジーナ・レモンドは、前述のインテルの発表と同時に声明を出した。「インテルの投資は米国の技術革新と指導力を守り、米国の経済と国家の安全保障を強化する」と持ち上げている。同年2月にCEOに就任したばかりのパット・ゲルシンガーが、バイデン政権の半導体戦略と歩調を合わせて動いたのは間違いない。

韓国にも圧力

バイデン政権の手はここで止まらない。

台湾に続き韓国にも圧力をかけ、TSMCに次ぐファウンドリーであるサムスン電子（三星電子）に工場進出を促した。

2021年5月21日――。ワシントンで米韓首脳会談に臨んだ文在寅大統領は、韓国企業による総額400億ドル（約6兆円）の米直接投資を発表した。バイデンへの手土産である。

その目玉となるサムスン電子の半導体工場の建設費は170億ドル（約2兆5500億円）にのぼり、TSMCの第1工場とほぼ同じ規模となる。

米韓首脳会議の共同声明が、米韓政府の舞台裏の調整を雄弁に語っている。「半導体」という言葉が3カ所、「チップ」が1カ所、文面のなかに織り込まれている。

「我々（バイデンと文在寅）は、自動車用の既存のチップの世界的な供給拡大に向けて協力するとともに、相互の投資拡大や研究開発での協力の推進を通して、両国の最先端の半導体製造を支援することに合意した」といった具合である。

首脳の声明が、しつこいほどに特定の物品に言及するのは異例だ。

半導体の製造を担うファウンドリー業界の２０２０年の世界市場シェアを見ると、ＴＳＭＣの売り上げが59・４０％で圧倒的な首位。２位のサムスン電子がこれに続く。

このアジアの２社を合わせれば７割以上のシェアを占める。たとえ不承不承進出するのであっても、ひとたび外国企業が米国内に工場を持てば、米国に人質をとられたようなものだ。

これに他の米国のファウンドリーや受託生産に参入するインテルが加われば、米政府の影響下にある企業が世界の半導体製造の８～９割を支配することになる。

さらに22年７月には、韓国第２の半導体メーカーであるＳＫハイニックスも２２０億ドル（約３兆３０００億円）の対米投資を発表した。このうちの７割が半導体分野に向けられる。

バイデンは、雪だるまの核になる玉をアリゾナに転がしてみせた。シリコンバレーに匹敵する一大拠点に育つかどうかはまだ分からないが、さまざまな関連企業を引きつけるアリゾナの磁力が高まるのは間違いない。バイデンが放った網が、世界の半導体企業をからめとっていく――。

2　サプライチェーン改造

バイデンが２０２１年４月12日の半導体ＣＥＯサミットに招いた企業は19社あった。ホワイトハウスは会合の映像を意図的に公表した。

19社のうちの12社が半導体を買う側のユーザー企業、残りの７社が供給する側の半導体メーカーである。誰が招かれ、誰が招かれなかったのか――。出席した企業の立場を読み解くと、バイデン政権の狙いが浮かび上がる。

まずユーザー側では、ゼネラル・モーターズ（GM）、フォード・モーターなど自動車業界の企業が目立つ。多国籍企業のステランティスも参加したが、同社の母体はかつてのクライスラーだ。大型トラックメーカーのパッカー、自動車部品大手のピストン・オートモーティブ、エンジンメーカーのカミンズなど、日本ではあまり名が知られていない有力企業も含まれている。

なんのことはない、デトロイトの自動車会社がホワイトハウスに勢ぞろいしていたのだ。

興味深いのは、大口の需要家のはずのトヨタ自動車、フォルクスワーゲン（VW）、日産・三菱・ルノー連合など、日欧のメーカーが招待されなかったことだ。韓国の現代自動車グループの顔も見えない。どうやら外国の自動車メーカーはバイデンの眼中になかったようだ。

対照的に半導体を供給する側では、クアルコム、ブロードコム、エヌビディアなどの米国企業が招かれなかった。代わりに台湾のTSMC、韓国のサムスン電子などアジアの外国企業が呼び出された。

目線はデトロイト

「半導体CEOサミット」という呼び名は国際的な響きで聞こえがいいが、実態はまるで違う。バイデン政権は、半導体のサプライチェーンを国内のデトロイトの視点で見ている。

米政府の圧力を感じ、TSMCは釈然としない思いを抱いていたのだろう。会議後にコメントを発表し、建設するアリゾナ工場について「史上最大の対米直接投資であり、米政府と連携して計画を成功させる」と、冷ややかともとれる態度を示した。サムスンは会議について沈黙している。

自動車業界の半導体不足に業を煮やし、バイデン政権は半年後の9月23日にさらに強引な手段を打ち出した。TSMCやサムスンに対し、受注や在庫の状況、顧客情報までを11月8日までに米政府に開示するように求めたのだ。

商務長官のレモンドは、米企業への半導体供給の流れが「不透明だ」と断罪し、「要求に応じないのであれば、我々の道具箱には、他の手段がある」と露骨に威嚇した。

供給網を支配するのは米政府だと言わんばかりだ。さすがにアジアのファウンドリー企業は反発した。企業の信頼に関わる情報まで米政府に手渡すわけにはいかない。

たしかに世界で最も大きい半導体の需要は、デトロイトを中心とする自動車産業にある。その巨大な購買力をテコに、アジアの半導体メーカーを米国に集結させ、世界の半導体サプライチェーンを改造する——。

バイデンが半導体CEOサミットの動画を公開したのは、米国の市場の力を世界に見せつけるためでもあった。

3　欠けたパズルのピース

半導体チップは、製品として世に送り出されるまでに、大きく20以上の工程を経る。細かく見れば工程数は700とも1000ともいわれる。一般に「サプライチェーンが長い」などと表現するが、このチェーンを伝って移動していくのは、船や飛行機で輸送するモノだけではない。電子回路の図面や設計ソフトウエアなどの無形の知的財産も、チェーンの一部だ。

国境を越えて広がる経済価値（バリュー）の連鎖はグローバル・バリューチェーンと呼ばれ、GVCと略称されることが多い。あらゆる業種のなかでも半導体のGVCはとりわけ複雑である。それぞれの階層で人々がどんな様子で働いているか、頭のなかでイメージを膨らませるのが理解の早道だ。

ファブレスとファウンドリー

半導体メーカーといえば、まず思い浮かぶのはインテル、サムスンなどの名前だろう。だが、メーカーといっても、モノをつくっているとは限らない。米国では自社で工場（ファブ）を持たないファブレス企業が多い。工場ではなくビルのオフィスで設計エンジニアが端末に向かってマウスやキーボードを操作する光景が思い浮かぶ。

建築業にたとえれば、線を描いたり消したりしながらスケッチや設計図を描いていく作業だ。端末の画面に映し出されているのは、緻密な回路図であったり、コーディングの文字列であったり、論理の流れを示すダイヤグラムであったりする。ジーンズとTシャツなどカジュアルな服装も目立つ。ただし、コロナ禍以降は、エンジニアが自宅からリモートワークで働くケースが多いという。ファブレス企業には工場がないので、会社に行かなくても仕事ができるからだ。

こうしたファブレスから製造を受託する企業はファウンドリーと呼ばれる。本来の言葉の意味は「鋳造所」だ。代表的な企業には、台湾のＴＳＭＣ、聯華電子（ＵＭＣ）、米国のグローバルファウンドリーズ（ＧＦ）などがある。

　ファウンドリーの職場の中心は工場である。巨大な建屋が連なり、防塵服とマスクで身を包んだエンジニアがクリーンルームのなかを立ち回っている。その姿は手術室でメスを持つ外科医のようだ。人間の間を搬送ロボットがすり抜け、天井のレールにはウエハーを運ぶ搬送機が走り回っている。

　ファウンドリーはウエハー上に回路を形成する「前工程」を担うが、製品として完成するまでの、その先の道のりは長い。ウエハーを切断してチップにし、パッケージングや検査をして完成させる企業は「後工程」と呼ばれる。こちらは機械の音やにおいがする伝統的なモノづくりの工場のイメージに近いかもしれない。

ＩＰベンダー

　ファブレスでもファウンドリーでもない形態もある。電子回路の基本パターンや、設計を支援するソフト（ＥＤＡ＝Electoronic Design Automation）を開発して、ライセンスの形で他社に供与する「ＩＰベンダー」と呼ばれる企業だ。有名なところでは英国のアーム、米国のシノプシス、ケイデンス・デザイン・システムズなどがある。

　ＩＰは知的財産（Intellectual Property）の意味だが、半導体業界では電子回路の技術情報を指す場合が多い。回路図ではなく設計ソフトを中心に扱う企業をＩＰベンダーに分類しない場合もあるが、ライセンスを販売するという点では同じだ。

半導体を自分ではつくらないが、高度な研究開発をしてその技術を売るＩＢＭも、ＩＰのビジネスモデルと呼べる。サムスン電子はＩＢＭから技術を買って成長し、日本の新会社ラピダスもＩＢＭの最先端のＩＰを導入する。

半導体メーカーは、ＩＰ企業から買った基本回路を組み合わせて、自社のチップを設計する。集積度が10年間で3桁の勢いで伸びたため、回路図のライセンス供与を受けなければ、追いつけないからだ。製造だけでなく、設計の面でも水平分業が進んだ結果、発達したビジネスモデルといえる。

回路パターンの図面とは別に、チップのなかの論理演算の「約束事」をライセンスとして売るという流れもある。たとえばアームがつくった技術の仕様は「アーム・アーキテクチャー」などと呼ばれる。紙に印刷すると、一つの仕様だけで数千ページに及び、百科事典のような厚さになるそうだ。

大ざっぱにいえば、半導体バリューチェーン上の企業は以上のように分類される。

弱点を探せ

メモリー以外のロジック半導体の流れを図で表すと、図表１－３のようになる。下の方が物理的なモノの世界に近く、上にいくほど抽象度が高いソフトの領域になる。最上流に位置するのが、英国のアームであることが分かるだろう。

上流から下流へとバトンが渡され、半導体チップの付加価値が積み上がっていく。

各階層を貫いて設計から製造までを自社で一貫して扱うＩＤＭ（Integrated Device Manufacturer＝

図表1-3　ロジック半導体の生産構造

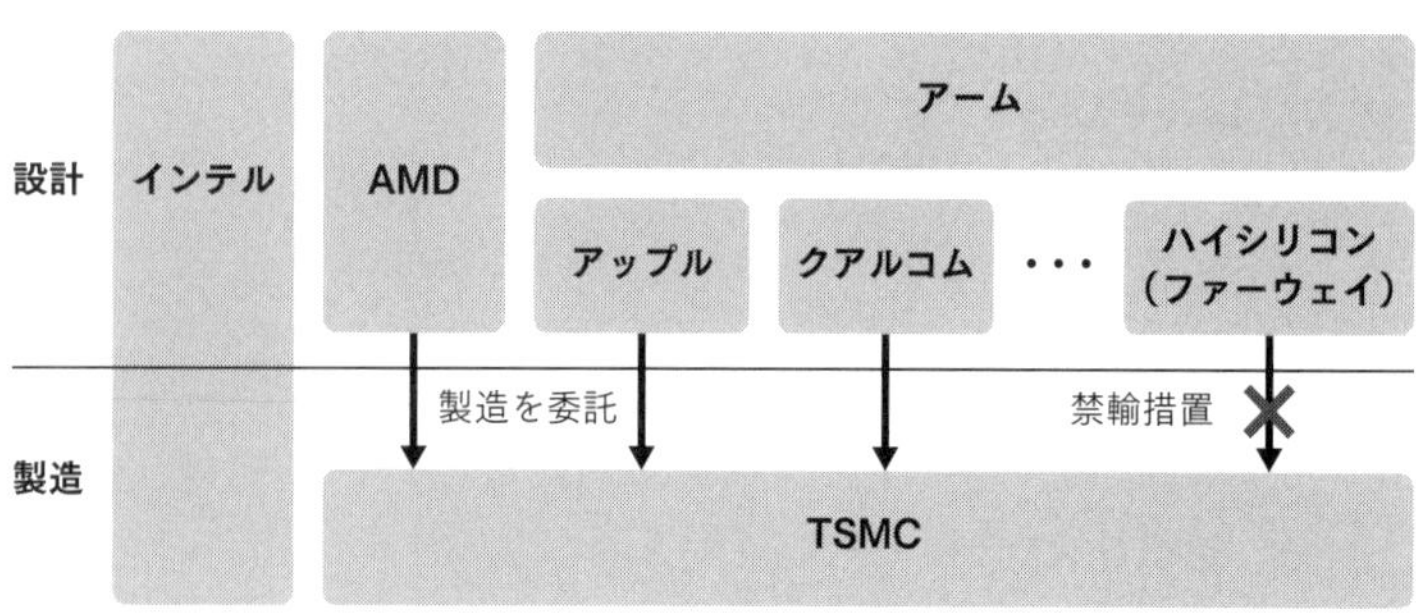

（出所）代表的な企業の例、筆者作成

垂直統合型デバイスメーカー）と呼ばれる企業もあり、インテルやサムスン電子などが代表例だ。水平分業が進む前の昔ながらのビジネスモデルともいえる。米国のマイクロン・テクノロジー、日本のキオクシアなどのメモリーのメーカーも、ほとんどがIDMだ。

米政府はこうしたバリューチェーンを細かく調べ上げ、欠けたパズルのピースを探した。ホワイトハウスは2021年6月に半導体産業に関する調査報告書を公表したが、ここで強調されていたのも、製造部門のファウンドリーを強化する政策だった。バイデン政権が巨費を投じて、TSMCやサムスンを誘致する理由がここにある。

4　膨れ上がる補助金 ――産業政策の競争が始まった

パズルのピースを埋めるためにはカネがかかる。ここからは政府による補助金の話になる。

「1本の釘」

２０２１年2月24日──。

「釘が１本足りないため、馬の蹄鉄がダメになった。蹄鉄一つがないため、馬が使えなくなった……」

米国の第46代大統領に就任してからわずか約1カ月後のこの日、バイデンはマザーグースを引用して半導体サプライチェーンの重要性を強調した。

元の歌詞はこう続く。馬が走れないので、騎士が乗れず、騎士が乗れないので戦いができず、戦いができないので王国が滅びた……。

釘とは半導体チップのことだ。

「1本の釘が欠けたことで、王国が失われてしまいます。サプライチェーンの一点でわずかな欠損があれば、その影響は全体に及びます」

釘が半導体なら、馬は米国の産業を指す。乗馬する騎士は米国の雇用、王国とは米国のことだ。バイデンの表現は的を射ている。

予算捻出のシナリオづくり

バイデン政権がまず着手したのが、補助金を捻出するシナリオづくりだった。バイデンはこの日、３７０億ドルの予算を提案し、議会が国防権限法（ＮＤＡＡ）などに盛り込んだ財政措置を支持する考えを表明した。その後の「半導体ＣＥＯサミット」につながる流れは、こうして政権発足の直後から始まっていた。

「供給不足を解決するために業界のリーダーと協力するよう政府の各部局に指示しました。議会でも法案の審議が進んでいます」

バイデンが署名した大統領令は、半導体、レアアース（希土類）、医薬品、EV用電池の4品目のサプライチェーンを、100日間で調査して報告するよう関係省庁に指示している。

風邪気味なのか声がかれていたが、政府予算の確定を急ぐ切迫感がひしひしと伝わってきた。この時には名指しは避けたものの、これらの戦略物資の供給で中国への依存を減らすのが最大の狙いだ。

バイデンの発言を受けてホワイトハウスの報道官が補足的な説明をした。

「単に（大統領に）報告するだけではありません。サプライチェーンの問題点を特定し、問題に立ち向かうための行動計画を立てます」

こうして米政府が動き出した。さらにバイデンは同じ日に、ホワイトハウスに民主・共和両党の議員団を招き、半導体戦略を協議している。予算確保の根回しだ。

米国の産業界の反応は速い。たとえばフォード・モーターは同日、「半導体不足の早期解決に努めることが、我々の従業員、顧客、事業にとって極めて重要だ」とする声明を発表、バイデンの予算案をすかさず歓迎してみせた。阿吽の呼吸である。

3月31日――。

バイデンの鼻息はさらに荒くなる。2兆ドル規模のインフラ投資計画を発表し、半導体業界に

５００億ドル（約７兆５０００億円）を割り当てる方針を明らかにした。一つの産業への補助金として、とてつもない財政支出だ。

議会で審議中の「米国ファウンドリー法案」と「米国チップ法案」では、３７０億ドルを想定していたが、バイデンはさらに積み増し、産業の実態を調査する商務省の新部局の設立も打ち出した。

４月５日——。

米国自動車イノベーション協会（ＡＡＩ）が、自動車業界の総意として、半導体の安定供給を求める意見書を政府に提出。このなかで「国内生産を増やすには巨額の投資と継続的な取り組みが不可欠だ」と指摘し、半導体業界への手厚い補助金を、あからさまに要求している。

そして６月８日——。

政府資金を注ぎ込む米国の勢いは止まらない。

議会上院は、次世代の先端技術の研究開発に２９０億ドル（約４兆３５００億円）を投じる「米国イノベーション競争法案」を68対32で可決。半導体に巨額の補助金を振り向けることを決めた。

政府機関の全米科学財団（ＮＳＦ）に新組織を設け、ＡＩや量子コンピューター、次世代電池、バイオ技術など民間の研究開発に２９０億ドルを配分するという内容だ。

これにより、半導体の工場や研究開発拠点には合わせて５２０億ドル（約７兆８０００億円）を投じることになる。議会とホワイトハウスの間でピンポン玉のように予算案が往復するにつれて、補助金の額が積み上がっていく。

バイデン米政権が2月に「100日間以内に」と約束した通り、半導体など戦略物資のサプライチェーンを見直す戦略もまとめられた。公表した報告書は「米国単独では脆弱性に対処できない」と指摘し、日米とオーストラリア、インドが協力する「Quad（クアッド）」や主要7カ国（G7）で連携し、半導体同盟を組んで中国への依存を減らす方針を明確にした。

CHIPS法ガードレール条項の踏み絵

こうして21年に始まった補助金政策の流れはさらに太くなり、22年8月に成立した「CHIPS・科学法」という大きな枠組みの下で大型予算が組み上がっていった。予算総額は実に2800億ドル（約42兆円）。チップスの名の通り、半導体の製造力の強化が最大の眼目だ。

この法律には、外国企業の自由を縛る巧妙な仕掛けが盛り込まれている。「ガードレール条項」と呼ばれる条文である。TSMCやサムスンなどの外国企業が米政府の補助金を受ける場合、その条件として他の国での投資ができなくなる。

簡単にいえば、補助金をもらって米国で生産したいなら、中国には工場を持つな――という意味だ。外国企業は、米国と中国のどちらを選ぶかという踏み絵を迫られることになる。

安全のために車が道から外れないように守る（ガードする）のが本来のガードレールの役割だが、CHIPS法のガードレール条項は、車（企業）の安全ではなく、米国自身を都合よくガードする道具にほかならない。実に自己中心的な呼称ではないか。

極めつけは22年８月に成立した米国インフレ抑制法（ＩＲＡ）だ。インフレと名前はついているが、中身は米国内に製造業を囲い込む産業政策のツールである。ＥＶへの補助金を米国製にしか適用しない「メイドインアメリカ条項」が組み込まれている。

重要な産業を自国の懐に抱え込むバイデン政権の戦略が加速していく。

中国も止まらない

中国の反応も速い。

21年６月９日、北京――。

「中国を仮想敵とすることに断固反対する。中国が正当に発展する権利は誰も奪うことができない」

中国外務省の汪文斌副報道局長の記者会見での発言だ。米議会上院が半導体関連の複数の法案を束ねた「米国イノベーション競争法案」を可決した直後である。

その中国も、補助金の規模で米国に負けてはいない。２０１４年と19年に設置した官製ファンド「国家集積回路産業投資基金」の第１号と第２号を通して、５兆円を超える政府助成を実行している。

これだけだと米国とほぼ同じ額だが、地方政府のファンドを加えると、合計10兆円以上が投じられたとみられる。こうなると米国の２倍である。

第１号ファンドの資金は約70件のプロジェクトと、約60社の半導体メーカーに流れ込んだとされる。成功例ばかりではないが、潤沢な政府資金が中国の半導体産業の発展を支えているのは間違いない。

明確な国策の下で、中国企業は採算を度外視して、設備投資と増産にひた走っている。

コロナ禍も逆手にとる欧州

ここまで米中の動きを見てきたが、もう一つの巨大経済圏である欧州の動きも見逃せない。ワシントンが半導体戦略を本格化させた頃、既にEUは動き始めていた。

21年3月9日、ブリュッセル——。

EUの行政府である欧州委員会は、2030年に向けた産業戦略「デジタル・コンパス（羅針盤）」を発表。このなかでEU域内の半導体生産を10年間で倍増するという意欲的な目標を掲げた。

具体的には、スイス・ジュネーブに本拠があるSTマイクロエレクトロニクス、オランダのNXPセミコンダクターズ、ドイツのインフィニオンテクノロジーズ、オランダのASMLなど半導体分野の企業をすべて集めて「欧州半導体連合」を結成する構想を描いている。

欧州委が巧みなのは、コロナ禍への対策として創設した復興基金「次世代EUファンド」の約2割をデジタル産業に振り向けたことだ。

目的のすり替えとまではいえないが、コロナ対策を大義名分とする総額2兆ユーロに近い包括的な経済対策のカネを利用して、約1500億ドル（約22兆5000億円）をデジタル産業の育成に充てる。目標は2030年。目指すのは欧州製半導体の世界シェア2割だ。

6月3日——。

ＥＵ加盟27カ国の政府は「演算素子と半導体の技術に関する共同宣言」に署名。域内の半導体産業の強化が加盟国の共通の目標であることを確認し、域内のサプライチェーンへの投資を増やすことで合意した。

「チップの設計から、２ナノメートルの微細加工に向けた先進的な製造技術までにわたり、野心的な計画を立てる必要があります。欧州にとって最も重要である半導体のバリューチェーンの課題を、他の分野と区別してリードすべきです」

域内市場担当の欧州委員ティエリー・ブルトンが、声明でさりげなく言及した「２ナノ」という文言に鋭さがある。ナノは10億分の1の意味で、２ナノといえば人の髪の毛の10万分の1ほどである。ブルトンが語っているのは、ＴＳＭＣですら試験段階にある超絶的な微細加工の競争に、欧州企業を参入させるという意味だ。米国やアジア勢の後塵を拝したままではならないという焦りの表れだろう。高い目標を掲げたからには、ＥＵは惜しむことなく公的資金を半導体産業に注入するはずだ。

自由貿易の終焉

雪崩を打ったように、世界で補助金競争が始まっている。5兆〜10兆円の規模で金額を膨らませる米国、中国、欧州の勢いは止まらない。

その光景は、まるで20世紀の米国とソ連の東西陣営による軍拡競争のようではないか。相手が軍事費を増やせば、こちらも増やす。するとまた相手がさらに積み増してくる……。

日本政府といえば、米中欧に一歩も二歩も出遅れ、２０２１年夏の時点で議論されているのは数百億円の単位の支援策にすぎなかった。産業への政府介入や大規模な補助金には異論も出ているが、望ましいか望ましくないかは別にして、世界が一斉に産業政策に走り出しているのは事実だ。その現実から目をそらすことはできない。

冷戦期に米ソが競い合ったのは軍事力だけではない。軍事力を支える技術開発でも激しく争った。その結果、市場原理の自由競争から隔離された軍事産業が発達し、ロッキード（現ロッキード・マーチン）、マクドネル・ダグラス（現ボーイング）、レイセオン（現ＲＴＸ）などが、当時の先端技術を切り開いていった。

月面に人類を送り込むというジョン・Ｆ・ケネディ政権のアポロ計画も、軍拡競争と無縁ではない。米航空宇宙局（ＮＡＳＡ）が主導することで、軍事目的に応用できる分野で米国の技術力が底上げされたからだ。航空工学、コンピューター、通信、素材、ロケット、医学などの分野で、米国が世界のなかで圧倒的に強い力を築いたのは、月を名目とするＮＡＳＡの産業政策の成果である。

そしていま、米中の新・冷戦――。再び補助金の拡大競争が始まっている。

国家安全保障の名の下で、経済を市場に委ねるレッセフェールの考え方は萎んでいくだろう。自由貿易主義にもとづく通商政策や、独占禁止法による競争政策は例外だらけになるだろう。その筆頭が半導体である。

世界各国は半導体が持つ地政学的な価値に気づいた。一度加速した政府の産業への介入の流れは簡単には止まらない。それは自由貿易時代の終わりを意味しているのかもしれない。

column

経済安全保障

「経済安全保障」という言葉がよく聞かれる。2021年10月に発足した岸田内閣では、経済安全保障の担当大臣が新設された。経済安全保障とはどのような概念なのか、いま一度考えてみたい。「経済安全保障を強化する」と言うとき、具体的に何を強くするのか。

日本語の「安全保障」は、英語の「ナショナル・セキュリティー（National Security＝国家安全保障）」の意味で使われることが多い。ということは、日本語の「安全保障」という単語には「国家（National）」の2文字が抜けている。

セキュリティーという言葉の語源は、15～16世紀の大航海時代にさかのぼる。危険な冒険だった貿易船の資金を集めるために、リスクを分散して、多く（複数）の人が買えるように証書を発行したのが始まりだった。借りたお金の「安全」を保証するわけだ。

このため、複数形の「セキュリティーズ（Securities）」が、有価証券を指すようになった。お金を確実に返済してもらう権利を保証（Secure）する証書のことである。だから、証券会社の名は"Securities"と複数形になり、たとえば日本の野村証券の英語名は"Nomura Securities"である。

もともとのセキュリティー（Security）は、国家に限らず、対象が何であれ、安全、無事を意味する広い概念だったはずだ。では、日本語の「経済安全保障」は、何の「安全」を保障するのだろう。

経済安保は「経済そのもの」の安全を確保することなのか、あるいは国家の安全を守るために必要となる「経済的な要件」を指すのか――。

言葉の定義によって、政策の目的は違ってくる。焦点を定めるために、この2つは区別しておくべきではないだろうか。

「安全保障」に「経済」がつくと「経済安全保障」になるが、同じように「技術」をつけると「技術安全保障」となる。「エネルギー安全保障」や「食糧安全保障」という言葉もよく耳にする。これらの場合は、国家を守るための要件としての、経済、技術、エネルギー、食糧の側面を指す。

一方、「人間の安全保障」といえば、国家の枠を超えて人間の存続や尊厳を守ることを指し、意味は人権擁護に近い。

「安全保障」は、目的に応じてさまざまな使い方ができる便利な言葉だ。

この便利さを利用すれば、「安全保障」というよりも、「経済」を頭につけた方が、軍事を連想させる物々しさが薄まる。言葉の魔術というべきか、世論や国会などで拒絶反応を引き起こしにくい効果もあるだろう。

だが、いま半導体をめぐって論じられている経済安全保障は、軍事を含めた国家の安全保障の一側面にほかならない。半導体の問題は、国家安全保障の問題そのものなのだ。

経済安全保障という呼び名には、昔ながらの産業政策を紛れ込ませる曖昧さがある。国家を守る安全保障に、経済(産業)を保護する安全保障の意味が重なってくるからだ。

半導体についていえば、強い半導体産業を国内に持つことが、国家の安全保障に大きく寄与するのは間違いない。ただし、補助金などの政府支援で産業にテコ入れすることが本来の目的ではない。それは手段にすぎない。

経済安全保障を追求すれば、国家と経済の利益が相反する局面が増えるだろう。

たとえば、国家の安全を守るためには、敵対する国への半導体の輸出を制限したり、外国企業による国内の半導体産業の買収を差し止めたりする措置が必要になる。しかし、規制を強くすれば、企業の自由は奪われ、産業の活力はむしろ衰える。

政府は二兎を追わなければならず、政策のバランスが重要になる。たとえば相反する使命が同一の官庁に集中すれば、どこかで矛盾が生じるだろう。ましてやビジネス目的のコンサルティング会社に、政策の立案や調整を任せてよい分野ではない。日本政府では司令塔として、内閣官房に設けた国家安全保障局の役割が重要になる。

経済安全保障の政策を、誰がどう策定すべきか――。つきつめて考えていくと、政府組織のガバナンスの問題に突き当たる。

II

デカップリングは起きるか

トランプvs.習近平（提供：ロイター／共同）

1　商務省が放ったバズーカ砲

動転する日本企業

「当社の製品はこれから中国に輸出できなくなるのですか」
「米国の技術ライセンスを使った製品を扱っているのですが、大丈夫でしょうか」
「中国の顧客と既に契約を結んでいるのですが、どうすればいいでしょう」

２０２２年10月11日――。東京・虎ノ門にある安全保障貿易情報センター（ＣＩＳＴＥＣ）は、この日を境に慌ただしい日々を送ることになる。ワシントン発で届いた米国の輸出規制の告知を受けて、企業から問い合わせが殺到したからだ。

ＣＩＳＴＥＣは貿易管理に関する調査や企業支援を行う公的な団体である。１９８７年に起きた東芝機械ココム事件を機に、官民が資金を拠出して発足したのが始まりだった。核兵器、生物・化学兵器、ミサイルなどの大量破壊兵器を拡散させないために、世界から情報を集め、日本の企業にアドバイスする役割を担っている。

米国時間で前週金曜日の10月７日――。米商務省の産業安全保障局（ＢＩＳ）がこの日、何の予告もなく中国への新たな経済制裁を発表していた。日本企業が反応して動き出したのが、祝日を挟んだ翌週火曜日の11日だった。ＣＩＳＴＥＣ調査研究部長の中野雅之は「いきなりバズーカ砲のような強烈な規制を背中から食らったのだから、日本企業が動転するのは無理もない」と語る。

禁輸リストは長大で詳細にわたり、技術的な解釈が難しい部分が多い。企業から質問を受けるたびにＣＩＳＴＥＣは、ワシントンのＢＩＳに照会しなければならなかった。

背中から打たれたバズーカは、もちろん日本を狙ったものではない。日本の先にいる中国に向けた奇襲攻撃だった。だが、規制の中身は多くの日本企業が予想していたより内容が厳しい。

特に半導体をつくる装置メーカーが受ける影響は甚大だった。この業界が中国に多くの製品を輸出しているからだ。２０２１年の統計を見ると、日本の半導体製造装置の中国での売上高は、海外全体の約30％を占めている。中国市場を失えば、日本の半導体製造装置メーカーは立ち行かなくなる。

シリコン・カーテン

「うっかり機械を中国に輸出したら米国に刺される」――。

あるメーカーの輸出担当者は、37年前に起きた東芝機械ココム事件の悪夢が脳裏をよぎったという。不正に輸出された日本の工作機械が原因で、旧ソ連の原子力潜水艦のスクリュー音が消え、探知できなくなった事件だ。米海軍を危険に陥れたとして、東芝機械の幹部に有罪判決まで出た。

今回の米国の輸出規制には、慎重に慎重を重ねて対応しなければならない……。企業の動揺を表すかのように、ＣＩＳＴＥＣがまとめた報告書には「米国による対中輸出規制の著しい強化」と記されている。「規制の強化」ではない。「規制の著しい強化」だ。

まず規制対象が大きく広がっていた。スーパーコンピューターに関連するあらゆる技術を網にかけている。スパコンを開発するための半導体、材料、部品、機器、ソフトウエア、すべてだ。半導体の製造装置についても規制対象となる範囲が広がり、輸出に必要な届け出、審査、承認の仕組みが厳格化された。

禁輸措置の発表と同時に、米政府は日本、EU、英国、台湾など米国以外の国や地域にも、同じ内容で対中規制を要求した。結束を固め、水も漏らさぬ包囲網を張るためだ。冷戦時代の「鉄のカーテン」になぞらえて、これを「シリコン・カーテン」と呼ぶ者もいる。

米政府が特に目を光らせたのが日本とオランダの動きだった。日本にはニコンやキヤノン、オランダにはASMLという、半導体をつくるために欠かせない高度な露光装置のメーカーがあるからだ。

「認知戦」の戦闘力

同盟国の経済を傷つけかねないリスクを承知で、なぜ商務省はバズーカ砲を撃ったのか。そのヒントは米国の官報に記されている。輸出規制を告知する文面には、中国のデジタル技術に対する焦りが色濃く映っていた。

まず、中国の人民解放軍が猛烈なスピードでDXを進めているという現状認識。そして、中国軍がドローン、サイバー攻撃システム、高機能レーダー、極超音速ミサイル、暗号通信などにＡＩを使い、米国をしのぐ軍事力を備えつつあるという危機感だ。

武器の高度化だけではない。ＡＩを応用すれば、人間が知恵を絞らなくても作戦計画を策定し、兵站の最適化もゼロ秒でできる。ＳＮＳでフェイク情報を拡散して人々を扇動する情報戦、さらには人間の思考や行動を制御する認知戦でも中国が優位に立つ恐れがある。

認知戦とは陸、海、空、宇宙、サイバー空間に続く「第６の戦場」として、軍事研究が進んでいる分野だ。いわば人間の脳を支配する「制脳権」をめぐる戦いである。その重要性は２０２２年２月のロシアのウクライナ侵攻で浮き彫りになった。

ロシアとウクライナの戦いでは、ロシアが偽情報を駆使したといわれる。

「ウクライナ軍が化学兵器の準備をしている」

「炭疽菌やコレラを軍事利用する研究施設がウクライナにあった」

こうしたネット情報で、ウクライナ国民が恐怖に陥り、一時はパニック状態になったのは事実だ。一方、ウクライナ側も黙ってはいない。戦闘で死傷した若いロシア兵の映像をネットで拡散し、ロシア国内にいる兵士の家族がプーチン大統領に敵意を抱くように仕向けたとされる。これが意図的な作戦だったとすれば、プーチン政権を内部から切り崩す認知戦で、大きな戦果を上げたことになる。

米政府が最も恐れているのは、中国軍がＡＩを活用して、こうした認知戦の戦闘力を高めることだ。

事実、中国ではコロナ禍を機に、公安当局が光学モニターによる市民の監視を強めているではないか。人間の感情を利用した大衆行動のコントロールで、中国は数々の〝実績〟を積み上げている。その経験値は侮れない。

スパコンはAIの「巣」

軍隊のデジタル化は恐ろしい。新しい技術で戦争のパラダイムシフトが起きた例として、第二次世界大戦での独仏の戦いの歴史を紐解くと分かりやすいかもしれない。

開戦前の1936年、フランスは、ドイツ軍の侵攻を防ぐために国境に要塞を並べて「マジノ線」を築いた。北はベルギー、南はイタリアに至るまでの長大な防衛網である。

地上から見えない隠蔽型の地下要塞を掘り、要塞同士をつなぐ地下鉄まで敷設した。当時のフランス技術の粋を集めた安全保障の象徴だった。守りは万全のはずだった。

鉄壁とされたマジノ線を突破する決め手になったのが、ドイツの機械化師団だといわれている。戦車、装甲車、自走砲を大量に装備し、兵士も金属の重装備で身を固めた強力な部隊だ。

フランスは長い工事期間と大量の資金を注ぎ込み、優れた「土木工学」でマジノ線を築いた。だが、それをドイツの「機械工学」が打ち破ったといえるだろう。

土木から機械へ――。技術革新が戦争のあり方を根本から変えた。

同じことが中国で起きようとしている。中国軍がデジタル化すれば、巨大な航空母艦や長距離ミサイルなどの大艦巨砲だけでは太刀打ちできなくなる。
「機械」に「デジタル」が勝つ戦争。その中国軍の進化の原動力がＡＩにほかならない。だからこそ米政府は、何としても中国のＡＩ開発を止めなければならなかった。

ＡＩは、膨大な量のデータを注ぎ込むことで訓練される。手にできるデータを片っ端からむさぼり食うことで、どんどん賢くなる。その大量のデータを高速で処理できる装置がスーパーコンピューターだ。いわばＡＩは、スパコンという「巣」のなかで育つのだ。

中国は「エクサスケール」と呼ばれる超高速スパコンの開発を、猛烈な勢いで進めている。その開発には、ＡＩ用の半導体チップが大量に必要になる。

米国は中国のＡＩが怖い。ＡＩを生み出すスパコンの開発を阻止したい。だからこそスパコンを構成する半導体を手渡してはならない――。こうしたロジックで、ＢＩＳの対中輸出規制の政策体系が組み上がっていった。

10月7日の輸出規制の強化に際し、商務省で輸出管理を統括する次官補のテア・ロズマン・ケンドラーが、こう語っている。

「中国はスパコン開発に資源を注ぎ込み、２０３０年までにＡＩの世界リーダーになろうとしています。ＡＩの力を自国民の監視、追跡、サーベイランスに利用し、軍備の近代化に拍車をかけているのです」

相次ぐ禁輸リスト追加だが……

その後もＢＩＳは次々と禁輸リストを追加していった。半導体や製造装置、スパコンの技術だけでなく、輸出先となる特定の中国企業の名を具体的に列挙した。その中には一般の知名度が低いＡＩ関連の半導体会社が数多く含まれている。

たとえば中科寒武紀科技（カンブリコン・テクノロジーズ）は、国務院直属の中国科学院の傘下にあるＡＩチップのユニコーン企業だ。同社は９つの子会社とともに禁輸対象に指定された。深層学習専用のプロセッサー（演算素子）やクラウド用の高度なチップを開発しているとみられている。

上海壁仞智能科技（ビレン・テクノロジー）は、画像処理の技術でトップを走る米国のエヌビディアを追いかける企業だとされる。画像処理のチップはＧＰＵ（Graphics Processing Unit）と呼ばれ、膨大なデータを並列的に処理する能力がある。

ＧＰＵはスパコンに欠かせない中核部品であり、エヌビディアのチップはＡＩ用として爆発的に需要が伸びている。中国のビレンは２０２２年８月に「ＢＲ１００」という名のＧＰＵを発表した。ＡＩ用の定番であるエヌビディアの「Ａ１００」をしのぐ性能だと自称している。

新型ＡＩチップは、サーバーメーカーである浪潮信息（インスパー）の製品に搭載され、「海玄」の名でリリースされた。これら、中国の新興ＡＩ企業群の勢いはすさまじい。

ＢＩＳのリストには、後の章で詳述する中国の通信機器大手、華為技術（ファーウェイ）に関係するとみられる企業の名も見える。

鵬芯微集成電路製造（ＰＸＷ）は、その一つ。２０２１年６月に設立された半導体製造会社で、経営者はファーウェイの元幹部だ。拠点はファーウェイ本社の目と鼻の先にある。背後で支えているのは深圳市の政府である。

半導体の製造装置メーカーも禁輸対象となった。

上海微電子装備集団（ＳＭＥＥ）は、中国でほぼ唯一の露光装置企業で、22年２月には先進的な露光装置を出荷したことが報じられている。

同じく上海集成電路研発中心（ＩＣＲＤ）は、上海市政府や上海交通大学が出資して設立した研究開発機関で、２０１７年にはオランダのＡＳＭＬと人材の共同育成で提携を締結。ファーウェイとの関係も指摘されている。

一言でいえば、私たちが知らなかっただけで、中国には山ほどのＡＩチップメーカー、製造装置メーカーが育っているのだ。

米国の禁輸措置によって日蘭から露光装置を輸入できなくなっても、中国は必死になって高度な半導体の開発、製造を続けるだろう。そのために必要となる製造装置の開発には余念がない。

中国では天才と呼べるレベルの理工系の人材が湧いて出るように現れる。選りすぐったエンジニアを擁したスタートアップが途切れることなく誕生し続ける。２０２２年の時点で中国のＩＴ技術者数は世界第２位で、２８１万人に上る。日本の２倍以上だ。米国の５１４万人には及ばないが、前年からの増加数で見ると、中国は18万人増で米国の約2倍の勢いで増えている。人口14億人の中国の大きさを忘れてはならない。

米商務省ＢＩＳが放ったバズーカ砲は、中国のＡＩ開発を破壊しただろうか。いや、そうとは思えない。むしろ中国の研究開発に火をつけたのではないか。これから先、中国のＡＩ、スパコン、製造装置、ＡＩチップの開発が加熱していくだろう。

２０２２年10月７日を境に、世界の技術デカップリングの亀裂が、一段と広がったように見える。

2　制裁の真相

ここで時計の針をドナルド・トランプ政権の２０１９年に戻さなければならない。バイデンの半導体戦略の源流は、前政権が打ち出した中国のファーウェイに対する経済制裁にある。半導体の視点からファーウェイ問題を眺めると、米中対立の深層が見えてくる。

遮断と抜き取りのリスク

トランプ政権下の米政府は、国家安全保障上の脅威としてファーウェイに照準を定めた。大量のデータを高速で送る通信規格「５Ｇ」が主流となるなかで、同社の製品が世界中にあふれかえっていたからだ。世界市場シェアは２０１８年に34％に達し、世界の５Ｇ基地局の実に３分の１をファーウェイ製品が占めていた。

通信は経済や軍事の生命線である。ここを中国企業に支配されれば、世界の覇権を中国に奪われかねない。ファーウェイの背後に中国政府がいる――。ワシントンの国防関係者はそう考えた。

たとえば南シナ海で米中の軍がぶつかり、米海軍が台湾海峡に全面的に展開したらどうなるか。第7艦隊のハワイ、横須賀の司令部や本国とのデータのやり取りは一気に増え、個人の端末の通信は爆発的に増えるだろう。

東日本大震災の際に、回線がつながらず、家族や友だちと連絡がとれないために人々がパニックに陥った情景は記憶に新しい。通信に支障が出れば、すべての活動が麻痺してしまう。言い方は悪いが、社会を崩壊させる一番手っ取り早い方法は、通信の遮断である。

ファーウェイ製の通信機器を通して、情報を抜き取られるのではないか――。情報セキュリティーの懸念もあった。バックドア（裏口）と呼ばれる回路やソフトウエアが仕込まれていれば、政府や企業の機密は筒抜けになる。

2019年の5月、「やはり」と思わせる情報がオランダから流れる。通信キャリア1社の設備にバックドアが見つかり、スパイ行為が行われた可能性があるとして、オランダの諜報機関AIVD（総合情報保安局）が調査を開始したという短い報道だ。

情報の出どころは不明だが、「ファーウェイ＝スパイ企業」説が一気に広まり、同社に経済制裁を科すべきだとする機運が高まっていった。今思えば、この報道は米国による情報戦の一環だったのかもしれない。

5G機器を生産できる企業は、世界に多くない。2位はスウェーデンのエリクソンだが、シェアは24%にとどまり、ファーウェイの34%に大きく引き離されている。3位はフィンランドのノキアで、シェアは19%にすぎない。

4位は中国の中興通訊(ZTE)で10%。5位の韓国のサムスン電子は8%。中国企業2社を合わせると、世界市場の半分近くを占める。トランプ政権が行動を起こす以前に、既に世界の5G市場は中国色に染まっていた。ちなみに日本企業の姿は世界市場に見えない。

ペンタゴンの焦り

ワシントンの動きが加速したのは2018年半ばからだ。まず、米国の政府機関がファーウェイの製品を使うことを禁じる国防権限法が8月13日に成立。この頃からトランプの中国攻撃がエスカレートし、12月1日、米政府の要請を受けたカナダ当局が、ファーウェイ副社長兼最高財務責任者(CFO)の孟晩舟の身柄を空港で拘束するに至った。

トランプは翌2019年5月15日に、安全保障上の脅威がある機器の使用を禁止する大統領令に署名。輸出規制リストにファーウェイを入れた。照準はファーウェイ1社に絞られていった。

当初の対中制裁は、中国からの鉄やアルミなどの輸入をせき止める措置に重心が置かれていた。トランプが中国との貿易不均衡を槍玉に挙げたのは、国内産業の保護が関心事だったからだ。中国を叩けば叩くほど国内で人気が高まる――。政治ポピュリズムがトランプを突き動かしていた。

それがファーウェイに標的を絞った制裁に移っていったのは、ワシントンの国防当局がトランプの勢いに便乗したという面がある。

米政府の元外交官によると、通信が米国のアキレス腱であると確信した国防総省（ペンタゴン）、国家安全保障局（ＮＳＡ）などがホワイトハウスと議会に働きかけ、ファーウェイを個別に攻撃する戦術にギアをシフトしたという。ワシントンのインテリジェンス・コミュニティは２０１０年前後からファーウェイの台頭を警戒し、監視を続けていた。

しかし、当初の禁輸措置には大きな抜け穴があった。台湾である。ファーウェイ製品に欠かせない高度な半導体チップが実は台湾で生産されていて、いくら米国から中国への半導体輸出を禁止しても、台湾から中国への半導体の供給が止まっていなかったからだ。

ハイシリコン孤立

そこで米政府が目をつけたのが、ファーウェイ子会社の半導体メーカー、海思半導体（ハイシリコン）である。ハイシリコンは自社工場を持たないファブレス企業で、米国の主な半導体メーカーと同じように、自分では製造しない。

ハイシリコン自身はチップの開発・設計に特化し、ほとんどの製造を台湾のＴＳＭＣに委託していた。その台湾－中国のサプライチェーンが、制裁の下でも生きている。どうりで中国本土のファーウェイに制裁を科しても、ファーウェイの息の根を止めることができないわけだ。

逆に言えば、台湾との関係がファーウェイの最大の弱点ではないか――。米政府はそう考えた。何らかの方法でTSMCとの関係を切断すれば、ファーウェイを干上がらせることができる。中国内にも中芯国際集成電路製造（SMIC）などの国策ファウンドリーがあるにはあるが、製造できる回路線幅は10ナノ前後にとどまり、TSMCの技術力とは比較にならない。

ハイシリコンとはどんな会社なのか――。その実像は秘密のベールに包まれている。

本社は深圳にあり、このほかにも北京、上海、成都、武漢などに開発チームを置き、陣容は合計7000人を超えるとされる。真偽のほどは定かではないが、表からは見えない秘密の開発拠点が欧州やロシアにもあると指摘する関係者もいる。

技術力は世界のトップレベルだ。同社と関係がある日本の半導体エンジニアは「中国14億人のなかから選りすぐった秀才が集まり、画期的なチップを驚異的なスピードで開発する頭脳集団」と評する。

米国の制裁が激化した一時期、ファーウェイは「スパイ企業」のイメージを払拭しようと外国メディアに積極的に発信していた。だが、ハイシリコンについては公には一切語らなかった。

ダメ元でハイシリコンの取材を広報幹部に申し込んだことがあるが、「それだけは勘弁してほしい」という答えだった。ハイシリコンの技術が秘中の秘だからだ。

その後ハイシリコンは、厳しい経済制裁の下であるにもかかわらず、TSMCやサムスンに匹敵する回路線幅7ナノメートルのチップを2023年8月に発表し、世界を驚かせることになる。製造しているのは中国のファウンドリー、SMICだった。

最先端チップの供給源

一般の目に触れるハイシリコンのチップには、ＡＩ機能を搭載したスマホ用の「麒麟（キリン）」、５Ｇ通信用の「巴龙（バロン）」などがある。最新型のキリンは回路線幅5ナノという最先端の技術で設計され、性能はアップルの最新のｉＰｈｏｎｅのチップと同等以上だ。

このほかネット接続プロセッサー用の「凌霄（ギガホーム）」のシリーズも生産量が多く、７ナノで開発したクラウドサーバー用「鯤鵬（クンペン）」、ＡＩチップ「昇騰（アセンド）」もデジタル業界ではよく知られている。

こうしたチップの供給先は親会社のファーウェイだけでなく、外国企業も含まれている。日本の電機メーカーも例外ではない。

ただし、５Ｇ通信機器の深部に組み込まれて、高性能を発揮しているファーウェイ専用のチップもある。同社の元技術者によると、基地局用に「易経」という名のチップを開発し、このほかにも「崗」「曼」など天体の名をつけたチップが存在するそうだ。個別の名称や機能は確認できなかったが、広い領域で市場には出てこない専用チップを開発しているのは間違いない。

ファーウェイが高機能の製品をつくるためには、ハイシリコンの最先端のチップが必要だった。そのハイシリコンがチップをつくるには、当時は台湾のＴＳＭＣに頼るしかなかった。ハイシリコンには高度な設計技術があるが、実際にモノを製造することはできなかった。

引き金を引いたか？

２０２０年5月15日――。トランプ政権は決定的な作戦に打って出た。米国製の機器やソフトを使って製造した半導体をファーウェイに輸出することを禁じ、この措置を外国企業にも適用したのだ。この新たな規制によって、台湾のＴＳＭＣは中国のハイシリコンにチップを供給することができなくなった。ＴＳＭＣは米国製の半導体製造装置を使い、設計ソフトも多用しているからだ。米政府はファーウェイの生命線が台湾海峡にあることを見抜き、これを断つことでファーウェイの首を絞め上げた。

「ファーウェイとハイシリコンが抜け道を使っていた輸出管理のルールを修正し、米国の国家安全保障と外交政策の利益に反する悪意ある活動に、米国の技術が使われることを阻止する」

商務長官（当時）のウィルバー・ロスは声明で、こう得意げに宣言した。

だが、中国の弱点を正確に突いた米国の輸出管理政策は、逆に地政学リスクを高めたかもしれない。中国政府をいきり立たせ、台湾への実力行使に駆り立てる下地となりうるからだ。台湾は中国の目と鼻の先にあり、その気になれば軍事的に侵攻できる……。

その後、バイデン政権は欧州各国の協調を取りつけ、米欧共同で海軍の艦船をこの海域に向かわせることになる。台湾海峡の緊張が、それまで以上に高まったのは事実だ。

米政府は学んだはずだ。禁輸措置を強めるだけでは不十分だ。台湾の最先端のファウンドリーを米国の国土に囲い込まない限り、米国の国家安全保障を高めるという究極の目的は達成できない――。

3　ケネディの遺産——米通商法232条

冷戦時代の化石

トランプ政権は自由貿易から保護貿易へと、米国の通商政策の舵を切った。だが、それは単に市場開放のスピードが遅れただけの変化ではない。

トランプは米通商法の地層深くに眠っていた冷戦時代の化石を掘り起こし、まったく別の通商政策を組み立てる工事を始めてしまった。

舞台は2018年3月8日にさかのぼる——。

「鉄は国家なりだ。鉄がなければ国はない。我々は過去何年にもわたり、いや、何十年にもわたり、外国の不公正な貿易の標的にされてきた。私はこれを止める。きょうこそ私は米国の国家安全保障を守る」

この日トランプは、作業服やヘルメットで身を固めた労働者たちをつき従えて、ホワイトハウスで記者会見を開いた。

「この行動を始めることを、私は実に誇りに思う」

トランプはそう言って、労働者たちが見守るなかで1枚の書類に署名した。米ソ冷戦の時代に定められた1962年米通商拡大法の232条を、鉄鋼とアルミニウムを対象に発動するという大統領令である。

外国製の鉄鋼とアルミの輸入が、米国の国家安全保障を脅かすという理由だった。この日を境に、米国の通商政策は、国家安全保障政策に〝格上げ〟された。

「国防条項」の威力

２３２条は通称「国防条項」と呼ばれ、約１０００ページに及ぶ１９６２年米通商拡大法のなかのほんの１ページの条文だ。コピー機もパソコンもない時代につくられた法律である。米国立公文書記録管理局で原本を探すと、黄ばんだ紙にタイプで打った不揃いな文字が並んでいた。

冗長な条文は必ずしも論理的とはいえず、法律の専門家が文言を練り上げた形跡は感じられない。肝心の「国家安全保障」の定義も記されていない。

だが、その威力は凄まじい。米政府が「米国の国家安全保障を損なう」と判断すれば、強権を発動して貿易に介入し、外国からの輸入を差し止めることができる。具体的には、外国製品に法外な制裁関税を課すことによって、米市場での価格競争力を剝奪する。

大統領令に署名した際のトランプのスピーチ原稿に「国家安全保障を守る」という文言が盛り込まれたのは、２３２条発動の根拠となる「安全保障」が必要だったからだ。

トランプの発言にある「鉄は国家なり」とは、いかにも時代がかっているが、いまでも鉄が国家だと位置づければ、２３２条を適用する理屈は十分に通る。複雑な計算式を使うダンピング調査や、２国間協議の設定などの厄介な手順を飛び越して、何はばかることなく鉄を守ることができる。

一言でいえば、こじつけである。実際には、米国の鉄鋼産業の保護と国家安全保障の間に、直接的な因果関係はない。そのこじつけを許してしまう法律としての緩さが、２３２条にあった。

ビル・クリントン政権で米通商代表部（ＵＳＴＲ）の法律顧問を務めたある弁護士は「トランプは２３２条を悪用した」と語る。

「トランプは、いままでと違う何かをしなければならないと、ＵＳＴＲ代表と商務長官に指示したのだろう。これができない、あれもできないとは言わせなかった。そこで彼らは２３２条を探し出し、こんな方法がありますよ、とトランプに進言したに違いない」

自由貿易秩序崩壊の始まり

１９６２年米通商拡大法は、ジョン・Ｆ・ケネディ政権下でつくられた法律だ。当時の自由貿易の枠組みだった関税および貿易に関する一般協定（ＧＡＴＴ）で、６回目の関税撤廃の交渉を始めるにあたって成立した国内法である。米国の輸出を増やそうとしたケネディは、自由貿易を進めるための法的な権限が必要だった。

さまざまな分野にわたる多角的な貿易自由化を提唱した当人がケネディであり、そのために交渉は「ケネディ・ラウンド」と名づけられた。ただし、ケネディは交渉の開始を見ることなく、翌１９６３年に凶弾に倒れている。

２３２条は、ケネディと議会の妥協の産物だ。自由化に反対する議員たちを抑えるために挿入された、いわば付け足しのような条項だからだ。

先述のＵＳＴＲ元高官によると、「通商政策に関わる私たちは、２３２条が米国の通商法のどこかにあることは知識として頭の隅にあったが、実際の通商政策とは別の次元の話だというのが共通した認識だった」という。

複雑な通商法の地下に埋もれて化石となっていた恐竜が、トランプの手によって息を吹き返し、突然暴れ出した。世界の自由貿易の秩序が壊れ始めたのは、この時からだ。

232条を発掘した張本人は、USTR代表（当時）のロバート・ライトハイザーと、ホワイトハウス国家通商会議（NTC）トップのピーター・ナバロだとみられる。ライトハイザーは通商政策に精通した強硬論者で、ナバロは2016年の大統領選でトランプの政策顧問を務めた筋金入りの中国脅威論者だ。

1961年2月、記者会見で演説するケネディ大統領
（提供：共同通信社）

トランプ以前の10人の大統領の時代に、実際に232条が発動された例は、3件しかない。いずれもイランやリビアなど、軍事的に敵対する国々の石油貿易を封じるのが目的だった。国内の産業を保護するためでなく、直接的な安全保障が理由である。

トランプ政権は232条の成功に味を占めた。念頭にあったのは、鉄鋼やアルミニウムだけではない。適用対象として検討された品目リストには、実は半導体も含まれていた。商務長官のウィルバー・ロスが、232条の適用対象として「半導体も検討している」と口をすべらせている。

しかし、政治的な影響力が強い米半導体工業会（Semiconductor Industry Association＝ＳＩＡ）が反発し、ロスの構想は日の目を見なかったというのが真相だ。米国の半導体業界にとり中国は欠かせない市場であり、輸出を政府に管理されるのは避けたかったのだろう。

トランプを隠れ蓑に

自由貿易主義とは、貿易をする国々がそれぞれ得意とする分野の生産に集中し、その産品を重点的に輸出すれば、お互いに得をするという貿易理論にもとづく。英国の経済学者デイビッド・リカードが唱えた「比較生産費説」と呼ばれる学説である。

みんながハッピーになれるのだから、関税を高くしたり物流を制限したりしないで、お互いに市場を開放しようよ――という考え方だ。ただし、自分だけが貿易障壁を低くすると不利になるので、自由化は相手国と足並みを揃えて進める必要がある。貿易交渉はそのためにある。

これに対して貿易保護主義は、国内産業の保護を目的とする。高率の関税や外国からの投資を制限することによって、安い外国製品やサービスの流入をせき止め、国内の企業が外国勢と競争しなくても済むようにする。

自由貿易主義と貿易保護主義は対立的な概念と考えられ、米国の歴代政権の通商政策は、両者の間を振り子のように揺れてきた。

だが、トランプの発想は、この２つの概念を飛び越えていた。通商政策の目的を経済に置くのではなく、国家安全保障の枠でとらえ直せば、自由貿易と保護貿易の２つを対比する政策論は意味をなさなくなるからだ。

この考え方に従えば、安全保障の名の下で貿易を制限する手段が正当化される。世界貿易機関（WTO）や2国間の自由貿易協定（FTA）など、貿易自由化のために苦労して設けたさまざまな仕組みの存在意義が薄れていく。

2021年に政権を引き継いだバイデンはどうか——。バイデンはトランプの政策を撤回せず、232条による鉄やアルミなどの輸入制限に手をつけないまま放置した。

トランプが発掘した60年前のケネディの遺産を、棚ぼた式に利用しているといってよい。国防条項を悪用したのはあくまでトランプなのだから、たとえ世界各国から批判を浴びたとしても、バイデンは「自分が下した判断ではない」と涼しい顔をしていられる。ご都合主義だ。

仮にバイデンが自由貿易の理念に反するという理由で232条の適用を解除しようとしても、議会の保護主義勢力との厄介な交渉を乗り越えなければならないだろう。そのような政治リスクをとらなければならない理由は、バイデンにはない。

バイデンの身内である民主党が上院では多数派を占めるとはいえ、党内で発言力が強い左派のほとんどは保護主義者である。232条の乱用を見て見ぬふりをするのが、バイデンにとって得策だ。

一度塗り替えられたワシントンの価値観は、簡単には元に戻らない。折しもコロナ禍が世界を襲い、ワクチンや医療機器、マスク、防護服などの供給が、国家の安全保障の重要課題となった。政府が市場に介入してサプライチェーンを確保する措置は、当然のこととして受け入れられている。前出の

ＵＳＴＲ元高官は「通商政策が安全保障に乗っ取られた」と語っていた。

半導体に２３２条を発動する日

歴史に残る転換は、半導体にどんな影響を与えるのか――。

安全保障上の戦略的な価値という意味では、半導体には鉄鋼やアルミニウム以上の重みがある。これまで見てきたように、半導体はあらゆる産業に欠かせず、インフラや自動車産業まで左右する力があるからだ。

半導体の供給が滞れば、産業が止まるだけでなく、人々の生活にも支障が出る。そう考えれば、まさに安全保障問題そのものだ。

幸いにもトランプ政権は見送ったが、半導体を対象に２３２条を発動することは理論的に可能だ。米国が半導体の生産やサプライチェーンを国内に囲い込めば、発動の敷居は低くなるだろう。その時、世界は再び２３２条の脅威に怯えることになるかもしれない……。

これからの10年、世界の国々は一段とデータ駆動型の社会になっていくだろう。鉄が国家である以上に、半導体が国家となる。各国の政府は安全保障の観点から、半導体のサプライチェーンに目を光らせるようになる。

米国の通商法の体系には、国家安全保障のために貿易に制限を加える仕組みが組み込まれていた。これから先は、この武器を誰が、いつ、どのような場面で使うかの問題になる。

ケネディが残した遺産は、とてつもない破壊力を秘めている。

4 火事を起こしたのは誰だ

呪われた3月

２０２１年３月31日——。台湾の北西部にある工業地区「新竹科学園区」はパニックに陥っていた。ＴＳＭＣの最先端工場で火災が発生したからだ。数台の消防車が緊急出動して消火したものの、関係企業の従業員が煙に巻かれて重体になるなど人的な被害も出た。

火災現場は「ＦＡＢ12Ｂ－Ｐ６」と呼ばれる施設だった。火元はクリーンルームの外にある変電設備だとみられている。東京在住の台湾当局の関係者は、その施設の名を聞いたとき、「まさか、あそこが」と背筋が凍る思いがしたという。建物のなかにあるのが、最先端の半導体チップを極秘で試験的に量産するラインだからだ。

その２週間前の３月19日——。

茨城県ひたちなか市にある半導体大手ルネサスエレクトロニクスの那珂工場で、大規模な火災が発生していた。同社は自動車などに搭載するチップのマイコンで世界大手のメーカーである。

被災したのは、主力の生産ラインがある「Ｎ３棟」だった。最先端の直径３００ミリのウエハーを生産できる同社で唯一の施設だ。被害は同工場の生産能力の３分の２に及んだと推測されている。

「ルネサス工場火災に関して、一部台湾の半導体メーカーに代替生産を要請した」

経済産業相（当時）の梶山弘志が、日本政府として台湾にＳＯＳを送ったことを記者会見で明らかにしたのが、30日。一企業の事故への対応で、企業に代わって政府が外国の企業に働きかけるのは異例のことだ。

自動車サプライチェーンの急所

前年の10月20日には、宮崎県延岡市でも半導体工場の火災が起きている。旭化成の半導体部門である旭化成マイクロシステムの工場だ。

5階建ての4階にあるクリーンルームから出火し、建物は猛烈な煙火に包まれた。操業は完全に停止。工場では危険なガスや薬液が使われているため、消防隊が現場に近づけず、鎮火するまでに丸4日もかかった。最上階は完全に焼失した。

旭化成の延岡工場は、自動車用などのチップを多品種少量で生産している。多くは汎用品ではなく、磁気センサー、回転センサー、赤外線LED、水晶発振器に使うクロック素子など、特定の用途の半導体だ。

センサー類は、横滑り防止装置などの自動車の安全装置にも欠かせない。電動パワーステアリングに使われているチップもある。生産規模はウエハーの数でいうと直径6インチ（150ミリ）換算で月産約3万6000枚と多くはないが、いずれもこの分野で旭化成が高いシェアを占める。

たとえ数量は少なくても、旭化成の半導体がなければ、自動車メーカーは生産ができなくなる。言い換えれば、旭化成の半導体工場は、日本経済の屋台骨である自動車産業の首を絞められる立場にある。自動車サプライチェーンのチョークポイント（急所）である。

「なぜ」ではなく、「誰が」

復旧の見通しが立たず窮地に陥った旭化成は、生産を外部に委託するしかなかった。委託した先が、ルネサスの那珂工場だった。そして、わずか5カ月後に、そのルネサスの那珂工場が同様の火事に見舞われることになる。まるで火災が自動車向けの半導体を追いかけているかのようだ。

何かおかしくないだろうか。なぜ、これほどまでに半導体工場の火事が連続するのか。しかも生産が止まれば自動車メーカーに部品供給ができなくなるような分野に、事故が集中している。出火の原因が共通なのも不可解だ。いずれも電源への電流の過供給による発火が原因である可能性が大きいとされる。

ささやかれていたのは、何者かによる放火の可能性である。やがて関係者の問いは「なぜ」ではなく、「誰が」に置き換わっていった。捜査当局が追及すべきことは、火事の「原因」ではなく、犯行の「手口」ではないか……。疑心暗鬼に駆られる人々の声が聞こえるようになった。

日本政府は慌てた。安全保障や公安に関係する霞が関の政府部局には緊張感が漂っていた。出火の本当の原因は何なのか――。

経済の安全保障政策に関わる旧知の官僚に、放火説の真偽を尋ねてみた。

「証拠はありません」

明言は避けたが、目は厳しかった。単なる事故ではない可能性を、政府が視野に置いていることがうかがえる。

守りが弱い半導体工場

日本での火災に前後して、米国テキサス州でも半導体メーカーが操業停止に陥っている。こちらも原因は電力だ。

２０２１年２月中旬には、州都オースチン周辺に群居する韓国のサムスン電子、オランダのＮＸＰセミコンダクターズ、ドイツのインフィニオンの各工場で、長時間にわたる停電が発生した。その影響で操業停止の状態が数週間に及び、世界的な半導体不足に拍車をかける事態となった。

オースチンで電力不足が起き、必要な電力を都市部に吸い取られた結果、停電が起きたとされる。

連続火災事故に続いて、台湾では３月に数十年ぶりの渇水が起き、大量の工業用水を必要とする半導体メーカーが危機にさらされた。ＴＳＭＣが給水車を手配するなど綱渡りの状態がしばらく続いた。

一連の災害で明らかになったのは、守りが弱い半導体工場の実態である。

火事の真相は藪のなかだ。だが、放火説の真偽は別にしても、電源に事故が起きれば半導体の工場が間違いなく止まるということははっきりした。火事が起きても、水が干上がっても、半導体の供給は簡単に止まる。

半導体の工場が止まれば自動車の工場が止まる。自動車の工場が止まれば、裾野産業に生産調整が広がり、雇用に悪影響が出る。そうなれば国全体の経済が変調をきたし、世界に異変が伝播するだろう。

内戦が起きた

半導体不足は、ただでさえ2020年後半から顕在化していたが、ルネサスの火災が決定打となり、トヨタ自動車は21年6月に国内の2工場で3ラインの停止に追い込まれた。その結果、たとえば人気車種「ヤリス クロス」の納期は、それまでの4カ月から5カ月に延びたという。

自動車だけでなく、影響はカーナビ、エアコン、テレビ、パソコン、ゲーム機にまで及んだ。東芝の家電を扱う「TVS REGZA」は、4月に予定していた50型テレビの新製品の発売を約2カ月延期した。液晶パネルを制御する半導体チップを調達できなかったからだ。

自動車メーカーや電機メーカーは自分たちの工場を止めたくない。前倒しで半導体チップを発注する動きが広がり、業種を超えた半導体の奪い合いが起きた。いわば産業界の内戦である。物騒な物言いをすれば、武器を使わずに一国の経済をつぶしたい者にとって、内戦ほど都合のいいことはない。半導体はできるだけ国内で生産し、政府がしっかり監視しなければ危ない――。各国の政府は、半導体産業を守る体制が脆弱であることに危機感を高めていった。

テロの脅威は身近なところにある。バイデン政権が半導体の供給の確保に素早く動いたのは、外部からの攻撃に備えるという意味でも当然の判断だった。

5 「韓国を締め上げる」

サプライチェーン切断

「文在寅は調子に乗りすぎですよ。その時が来たら締め上げてやりますよ」

2019年6月のある日——。日本政府の関係者は、口元に不敵な笑みを浮かべて言い放った。韓国に対して何をするのか、具体的な行動には言及していない。あるいは韓国には妥協しないという強い意志を、冗談交じりに語っただけなのかもしれない。

だが、この予告はその後、残酷な姿で現実のものとなり、世界に衝撃を与えた。

大阪での主要20カ国・地域首脳会議（G20サミット）を控えたこの時期、安倍晋三政権と韓国の文政権の関係は極めて険悪になっていた。旧朝鮮半島出身の労働者が日本企業に強制的に働かされたとする、いわゆる徴用工問題が原因である。

両者の言い分は真っ向から対立し、対話の糸口すら見つからない。日本から見て理不尽な主張を繰り返す文政権に、首相官邸は怒りを募らせていた。

数週間後の7月1日——。経済産業省は韓国への化学品の輸出管理を厳しくする措置を唐突に発表した。対象として指定したのは、半導体のエッチングガスやシリコンの洗浄剤として使われるフッ化水素、有機ELの材料であるフッ化ポリイミド、半導体の基板に塗る感光剤のフォトレジストの3品目だ。

理由は国家安全保障上の懸念である。これらの化学品を韓国に与えると兵器などの製造に使われる恐れがあるため、輸出を制限するという理屈だ。

これが「締め上げる」の意味か……。思わず背筋に戦慄が走ったのを覚えている。

新たな経済制裁手段の発見

徴用工問題については、ここでは触れない。だが目的が何であれ、安倍政権が文政権に政治的な圧力をかけるために、韓国の半導体サプライチェーンを断つ手段に訴えたのは間違いない。

韓国の半導体の輸出額は同国の全輸出額の2割を占める。生産に必要な素材を日本から輸入できなくなれば、2大メーカーであるサムスン電子、SKハイニックスは立ち枯れとなる。安倍政権が振り下ろしたのは、韓国経済を支える大樹に狙いを定めた斧だった。

「これまで両国間で積み重ねてきた友好協力関係に反する韓国側の否定的な動きが相次ぎ、その上で、旧朝鮮半島出身労働者問題については、G20までに満足する解決策が示されず、関係省庁で相談した結果、信頼関係が著しく損なわれたと言わざるを得ない」

「韓国との信頼関係の下に輸出管理に取り組むことが困難になっていると判断し、厳格な制度の運用を行い、万全を期すこととた」（原文のまま）

経済産業相（当時）の世耕弘成は、輸出制限の理由として、7月3日にツイッター（現X）に連続的に書き込んでいる。世耕の連続ツイートは瞬く間に拡散され、日韓両国で賛否両論の論争が巻き起こった。

多くは日韓のどちらが悪いかという感情論だが、地政学的な観点から見れば、事の本質は別のところにある。安全保障を目的とする輸出管理の多国間の枠組みが、2国間の経済制裁の手段としても利用できるという〝発見〟だ。

ココムに代わる枠組み

日本政府は3品目を一括りに扱った。だが、国際的な枠組みに照らすと、実はこの3つは異なるタイプの戦略物資として分類される。

フッ化水素は大量破壊兵器の一つである「生物・化学兵器」に関する規制の対象であり、残りの2品目は「通常兵器」に関連する規制対象だ。

生物・化学兵器の製造に使用される可能性がある化学品や技術、病原体などは、1985年に発足した国際的な枠組み「オーストラリア・グループ」にもとづいて管理されている。

イラン・イラク戦争で化学兵器が使用されたことが1984年に発覚し、化学兵器の材料として使われる物質を供給できる国々が、協力して輸出を管理することが決まった。この枠組みの創設を提案したオーストラリアの名をとって、第1回の会議が85年6月に開催された。2023年9月の時点で42カ国とEUが参加している。

これに対し、フッ化ポリイミドとレジストの2品目は、大量破壊兵器ではなく通常兵器を扱う「ワッセナー・アレンジメント」の対象だ。冷戦終結によって1994年3月末にココムが解消されたことを受け、ココムに代わる新たな輸出管理の枠組みとして97年に設けられた。

名前の由来は、発足に向けた協議の開催地だったオランダのワッセナー市である。メンバーは２０２０年末時点で42カ国あり、日本と韓国はどちらの枠組みにも参加している。

制度を乱用した禁じ手

見落としがちなのは、大量破壊兵器と通常兵器では輸出管理の目的が異なるという点だ。そもそもの目的が別なのだから、扱いの厳格さや対象品目の幅の広さに違いがある。だが、安倍政権は3品目を一緒にして扱った。3品目に共通する要素は、韓国のエレクトロニクス産業が必要とする素材であること。その一点だけだ。

これでは、韓国を困らせるために半導体に焦点を当てて合目的的に3品目を選んだとみられても仕方がない。だとすれば、米国のトランプ政権が、通商法の国防条項を乱用して鉄鋼、アルミニウムの輸入を止めたのと同じ発想ではないか。

武器の輸出規制の枠組みは、法的な拘束力がある国際条約にもとづくものではない。人を殺す兵器を拡散させないという意思を共有する国々が、自発的に協力し合う紳士協定である。人道という絶対的な価値を重んじる信頼関係が、前提にある。

90年代にワッセナーの規制リストをつくる交渉を担当した経済産業省の官僚ＯＢは、こう振り返る。「自分の国が得意とする品目をできるだけ規制リストに載せないようにと、各国の駆け引きが続いた。それでも世界で戦争を起こしたくないという思いは同じだった。その理念を逸脱することはなかった」

国際政治がきれいごとばかりでないのは事実だ。建前と本音は常に背中合わせにあり、人道の理念の下には自国の輸出を優先するエゴが隠れている。緊張したバランスのなかで国際的な合意が形づくられていくのが常である。とはいえ、信義に反すれば枠組み自体が台無しとなるため、理念から大きく外れた行動をとることはない。

エゴの所在が2国間だけの政治問題になれば、信義を傷つける代償はさらに大きくなる。兵器やその部品・材料が拡散しているという根拠がないまま、多国間の取り決めを利用するようなことがあれば、制度の乱用として咎められるべきだろう。韓国のアキレス腱である半導体を狙い撃ちにすることなどは、明らかに禁じ手である。

企業は経済合理性に従う

政権の政治的な思惑がどうあろうと、企業は経済合理性に従って行動する。

案の定というべきか、日本の一部の半導体素材メーカーは、政府の手が及ばない韓国国内や第三国に生産拠点を移す動きを見せた。サムスン電子とSKハイニックスという大口の顧客を手放すわけにはいかないからだ。

何しろサムスン電子は半導体とディスプレーで年間10兆円を売り上げ、SKハイニックスの半導体事業だけでも2兆円を超える。日本では、最大の半導体メーカーであるキオクシアでも売上高は1兆円強だ。素材の買い手としての地位は、圧倒的に韓国勢の方が高い。

フッ化水素を製造するのは、大阪にあるステラケミファと森田化学工業の2社で、どちらも大正時代に創業した老舗メーカーである。安倍政権は文政権の首を絞めたつもりで、日本の中堅企業の首も絞めてしまった。

輸出規制の決定により両社の輸出は大幅に減り、売り上げは急減した。レジストを製造する東京応化工業や、半導体工程に必要なガスを製造するダイキン工業なども、韓国の拠点拡充に動き出した。生き残るためには、企業は輸出管理の壁を越えなければならない。日韓のサプライチェーンの切断が死活問題であるのは、韓国の半導体メーカーだけでなく、日本の半導体素材メーカーも同じなのだ。

反撃と漁夫の利

一方、韓国政府の側は日本からの輸入への依存を減らすために、半導体の素材や製造装置の国産化に舵を切った。

韓国貿易協会によると、フッ化水素の日本からの輸入は、規制が発動された２０１９年７月を境に急減し、18年の６６８５万ドルから、20年には９３７万ドルにまで落ち込んだ。輸入額全体に占める日本製品の比率も18年の42％から20年の13％に低下した。

日本の経産省にあたる韓国の産業通商資源省の動きは速かった。自前のサプライチェーンを築くため、２０２２年の国産比率を素材で70％、装置で30％とする目標を即座に打ち立てた。21年の素材、製造装置の技術開発への助成金として、前年比３割増の２兆２０００億ウォン（約２０５０億円）もの予算枠を設けている。

さらに、地域を指定して税制優遇制度を設けて外国企業の誘致も進め、米国の化学メーカー大手のデュポンが新工場の建設を決めるなどの成果が出始めている。

韓国の半導体メーカーも、必死に日本製の代替品を探した。政府の後押しもあり、サムスン電子傘下のソウルブレインは日本製と同じくらい純度が高いフッ化水素の供給を開始。ＳＫマテリアルズもフッ化水素の量産を始めた。

国産化を進めるだけではない。韓国企業は中国からの素材調達も視野に入れている。何しろ中国は素材の原料や鉱物資源が豊富で、フッ化水素の原料である蛍石で世界生産の6割を握っている。

中国メーカーの技術水準は現時点で日本に及ばないとはいえ、着実に力を高めているのも事実だ。日本の制裁が逆に韓国を中国の側に追いやってしまった面があるのではないだろうか。漁夫の利を得た中国が、サプライチェーンの支配力を強める恐れもある。

パンドラの箱を開けたのか

安倍政権の対韓輸出規制から学ぶべきことは何か――。一つは、日本が得意とする半導体の素材に、戦略物資として破壊的な威力があることだ。

一般には名を知られていない専門メーカーが、外国の経済を殺すことができる。そんな隠れた攻撃手段が日本の掌中にあることに、世界の国々は気づいた。米国の軍事力の傘の下にいるだけでなく、日本には独自の〝武器〟があるのだ。

そして2つ目は、世界各国が「必要とあらば、日本は〝武器〟を使うかもしれない」という認識を持ったことだ。日本はそういう国だったのか……。ひとたび恐怖を味わえば、経験はトラウマとなる。将来、地政学的な緊張が高まる局面が訪れれば、各国の頭の隅をフッ化水素やレジストの影がよぎるだろう。

素材メーカーの存在は日本にとり抑止力になるともいえるが、同時に他国からの攻撃対象となるリスクも忘れてはならない。


米国に気になる動きがある。

２０２０年10月５日――。米商務省はワッセナー・アレンジメントの合意にもとづき、輸出管理の対象を一部改定すると発表した。

新たに規制リストに加えられたのは、極細の線幅で半導体チップに電子回路を形成する極端紫外線（ＥＵＶ）装置のソフトウエア、５ナノのウエハーを製造するための技術など。これに先立ち、９月11日にはマイクロ波チップなども指定している。規制対象は広範な分野に及ぶが、最も目立つのが半導体に関連した部品やソフトウエアだった。

ワッセナーが掲げる人道の大義の下で、政府が貿易を管理できる戦略物資のリストがどんどん長くなっている。これからもリストのなかで半導体の比率が高まっていくだろう。半導体と半導体に関連するさまざまな部品や知的財産権が、輸出しにくい貿易品目になっていく……。安倍政権はパンドラの箱を開けてしまったのかもしれない。

「締め上げる」に目先の効果があるとしても、長期的には自分にはね返ってくる。自由貿易の原則をゆがめ、自分で自分を「締め上げる」からだ。

column

瀕死の守護神

世界貿易機関（ＷＴＯ）という自由貿易の守護神がいる。トランプが保護主義に走ったとしても、貿易ルールの元締めである国際機関が、暴挙を許さないのではないか――。

そう考える向きは少なくないだろう。だが、一般に考えられているほどＷＴＯの力は強くない。すべてのＷＴＯルールは自由貿易を守るためにあるが、いくつかの例外が設けられている。その一つが安全保障だ。

具体的には、関税および貿易に関する一般協定（ＧＡＴＴ）21条、サービス貿易に関する一般協定（ＧＡＴＳ）14条、知的財産権に関連する協定（ＴＲＩＰＳ）73条が、安全保障の問題に関わってくる。「国家安全保障上の重大な利益の保護のために必要であると認めた」場合には、貿易制限の措置をとることができると定めているのだ。

しかも安全保障上必要であるかどうかを判断する権限は、ＷＴＯではなく当該国に委ねられる。条文は「戦時または他の国際関係の緊張時」に、安全保障を理由として、ＷＴＯルールの例外扱いにできると記している。

「戦時」が文字通り「武力戦争」を意味するとしても、「他の国際関係の緊張時」とは、実に曖昧な定義ではないか。いくらでも拡大解釈する余地があり、自ら進んで「緊張」だと宣言すればよい。好きなときに安全保障の条項を使い、自由貿易のルールから逃れることができる。

事実トランプ政権はこのＷＴＯの特例に相当すると踏んで鉄鋼、アルミに２３２条を発動した。

とはいえ、ＷＴＯには加盟国の意見対立を解決する仕組みがある。「紛争解決手続き（DS）」と呼ばれるルールで、国内の法制にたとえれば裁判所のような存在である。このDSを使えば米国の独断専行を止めることはできるはずだ――。この見方は半分は正しいが、半分、間違っている。

トランプ政権の措置を不当だとして、他の国がWTOの紛争処理パネルに訴え出たら何が起きるだろう。審理の結果、米国に不利な裁定が下れば、米国は逆ギレするだろう。

問題解決どころか逆にワシントンでWTO脱退論が高まってしまう。米国が抜ければWTOは抜け殻となり、国際機関として機能しなくなる。米国がWTOを恐れないのはこのためだ。

WTO体制が機能する前提は、リカードの比較優位論を尊重し、自由貿易に価値を見出す暗黙の了承が世界で共有されることだ。

2021年頃からは、インドやインドネシア、トルコ、南アフリカなど主に南半球の新興国、途上国が連合して「グローバルサウス」を名乗り始めている。かつての冷戦時代に「第3世界」と呼ばれた国々である。

格差や貧困、人権侵害、食糧難、環境破壊などのグローバルな課題は、すべて「北」の先進国を中心に築かれた世界の構造に起因する、という考え方だ。WTOを軸とする自由貿易の体制は、真っ先に批判される標的になっている。グローバルサウスが本気になってそっぽを向けば、他の国々もWTOから離れていくかもしれない。

求心力は急速に衰えていると言わざるを得ない。こうした世界の潮流のなかで米国が自由貿易から安全保障へと重心を移すのであれば、WTO体制は根っこから崩れてしまう。

WTOは自由貿易の守護神と持ち上げられてきた。だが米国が許す範囲で「神」を演じる「偶像」にすぎないのかもしれない。つまるところは米国の手のひらの上で踊っているだけ――。こうした懐疑論が通商政策の専門家の間で広がっているのは事実だ。

言い換えれば、いまのWTOには米国の232条を止める力はない。

III

さまよう台風の目
——台湾争奪戦

TSMC工場内部（提供：TSMC）

米国、中国、ＥＵの政府が５兆円以上の補助金を投じて半導体産業を支援する一つの理由は、仮想的なサイバー空間での陣取り競争のためである。20世紀までの地政学は、陸と海で支配権を広げる国家の戦略を論じたが、インターネットと情報通信の技術が発達してからは、物理的な地形や距離だけが地政学の決定要因ではなくなった。

デジタル情報が行き交う仮想空間がある。その裏側に現実の物理空間がある。そのモノの世界に存在するハードウエアこそが半導体である。大国間で台湾の争奪戦が起きているのは、バリューチェーンの地図の上で半導体という〝モノ〟をつくれる台湾が最重要の要衝であるからにほかならない。

15世紀の半ばに始まった大航海時代の列強は、喜望峰を回ってアジアに至るインド航路を発見し、欧州とアジアをつなぐマラッカ海峡の支配をめぐり覇権を競った。

現在のサイバー空間の地図では、半導体バリューチェーンが当時のインド航路、台湾がマラッカ海峡に相当する。世界最強の半導体製造力がある台湾を手中に収め、バリューチェーンを制した大国が、世界の覇権を握る。

その台湾の素顔を見てみよう――。

１　藪から出た巨人

化け物のような会社

台湾の台湾積体電路製造（ＴＳＭＣ）は、いま最も地政学的に重要な企業である。これまで世間には同社の名前はあまり知られていなかったが、米中の対立が深刻化するにつれて存在感が高まり、国際政治のカギを握るプレーヤーとして表舞台に躍り出た。

２０２１年８月にＴＳＭＣが製品値上げに踏み切ると、世界が震撼した。高度なチップの製造技術と供給力を独占する同社には半導体チップの価格決定力があるからだ。

23年６月時点で時価総額は約５０００億ドル（約75兆円）。世界で10番目に価値のある企業として市場に評価されている。日本で圧倒的な首位であるトヨタ自動車のほぼ２倍だ。他社から受託して半導体を生産するファウンドリーの市場で約60％のシェアを占め、２位のサムスン電子（13％）を大きく引き離している。

台湾には、このほかにも聯華電子（ＵＭＣ）、力晶積成電子製造（パワーチップ・セミコンダクター）、世界先進積体電路（バンガード・インターナショナル・セミコンダクター）など有力なファウンドリーがあるが、ＴＳＭＣの規模が突出して大きい。日本の半導体製造装置メーカー、東京エレクトロン元会長の東哲郎は「巨人というよりは化け物のような会社だ」と評する。

世界のファブレスの頼みの綱

世界のライバルはＴＳＭＣの技術力に太刀打ちできない。製造を受け請うファウンドリーというと、大手メーカーの序列の下位にあると思う向きがあるかもしれないが、その認識は誤りだ。難度が高いチップになると、メーカーはＴＳＭＣに頼まないとつくることができない。ＴＳＭＣの顧客は自社の工場を持たない世界のファブレス企業だが、顧客であるファブレス企業よりＴＳＭＣの立場の方が強いかもしれない。

その強みの一つは、世界の半導体企業とつながるネットワークにある。ＴＳＭＣに生産を委ねる企業は世界に約５３０社あり、ＴＳＭＣはこれらの企業との取引を通して、世界の需要を把握できるからだ。市場から遠い工場のようで、実際には市場の近くで流れを眺められる立ち位置にいる。

ファブレス企業がＴＳＭＣを頼りにしていることを示すエピソードがある。

パソコンの頭脳にあたるＣＰＵ（中央演算処理装置）の市場で、世界最大のシェアを握るのが強者インテル。同社を追いかけるのがアドバンスト・マイクロ・デバイセズ（ＡＭＤ）だが、２０１８年頃から両社の勢力争いに異変が起きている。それまで優位だったインテルの勢いに陰りが見え、ＡＭＤがじわじわとシェアを伸ばしているのだ。その大きな理由がＴＳＭＣにある。

敏腕で知られるＡＭＤのＣＥＯ、リサ・スーは、それまで製造を委託していた米グローバルファウンドリーズ（ＧＦ）との契約を、違約金を払ってまで破棄し、２０１８年に委託先をＴＳＭＣに切り替えた。ＧＦはもともとはＡＭＤの製造部門であり、ＡＭＤは製造部門を切り離すことでファブレス企業になった経緯がある。

両社には浅からぬ縁があるはずだが、台湾出身のスーは技術開発にもたつくＧＦに見切りをつけて、ＴＳＭＣと手を組んだ。その結果、インテルに対抗するＣＰＵの開発に成功し、ここからインテルの凋落が始まったとされる。

ＴＳＭＣがＧＦに差をつけたのは、回路線幅７ナノメートルの壁を先に乗り越えたからだ。チップの集積度を高めるには、線の幅を細くして狭い面積に多くの回路を詰め込む必要があるが、難度が高いチップを高い歩留まりで生産する能力で、TSMCは他を寄せつけない。

世界のファウンドリーの微細化の技術力を比べてみよう――。7ナノの水準まで開発に挑んだのは、2021年夏までの時点で、台湾のTSMC、韓国のサムスン電子、米国のGF、中国の中芯国際集成電路製造（SMIC）、そして韓国のSKハイニックスの5社。

さらに細かい5ナノになると、GF、SMIC、SKが脱落し、TSMCとサムスンの2社が残る。さらに微細化した3ナノで、先に安定した量産段階に入ったのはTSMCだ。TSMCは2022年には2ナノの新工場の建設を始めた。

1ナノメートルとは1メートルの10億分の1で、原子を10個並べたほどの長さだ。病原体のウイルスよりさらに小さい極小の世界で、TSMCは王者の座を守り続けている。

強者誕生の真相

TSMCはなぜこれほど強くなったのか。そもそもファウンドリーとは、TSMC創業者のモリス・チャン（張忠謀）が発展させたビジネスモデルだ。製造と開発・設計を分離することで、1社が背負う投資リスクを減らすというアイデアである。

チャンは台湾当局と一体となり、1987年に製造に特化したTSMCを設立。欧州のフィリップスを皮切りに米国の主な半導体メーカーから次々と受注を獲得していった。

稼いでは投資し、投資しては稼ぐ。時には借りて投資する。そして、もっと稼いでもっと投資する――。2020年の売上高は5兆円を超えるが、21年の設備投資額も3兆円の規模を想定し、同年から3年間に予定する投資額は合計11兆円にのぼる。巨大な投資リスクを背負いながら貪欲に高速回転を続ける姿は、まさに「化け物」だ。

「TSMCには台湾のベスト&ブライテストの才能が集まり、突出したエンジニア集団を形成しています」

台湾・中国の産業に詳しいアジア経済研究所の川上桃子は、競争力の源泉の一つが技術人材の厚みだとみる。たしかにいくら資金があっても、技術がなければ成長はできない。TSMCは技術者を大切にする会社で、エンジニアが得る報酬は、日本企業の3倍とも4倍ともいわれる。

徹底した情報管理で顧客企業から信用を得ている点も見逃せない。川上の観察はこうだ——。

「堅牢な情報管理システムを社内で築いていて、ライバル同士である顧客企業の情報がTSMCの内部で交わることはありません。現場の従業員から経営上層部に至るまでアクセスできる情報が決められ、厳格にログがとられています。社員食堂での会話でも、自分が担当する顧客企業の話題は一切禁じられているといわれています」

顧客である半導体メーカーの信用を失えば、チャンが築いたビジネスモデルは一瞬にして破綻する。注意深く設計された情報のファイアウォールが、信用を担保しているといえそうだ。

地政学を意識してリスクヘッジ

トランプ政権がファーウェイへの輸出にストップをかけるまでは、TSMCの売り上げの約半分は米国向け、約2割が中国企業向けだった。中国向けの多くはファーウェイの子会社、ハイシリコンからの受注である。ＴＳＭＣにとっては、米企業だけでなく中国企業も大事なお客さんだ。

米政府の立場からすれば、米企業の技術情報がＴＳＭＣを通して中国に流出するのではないかと心配するのは当然だろう。米商務省と国防総省は２０１８年から20年にかけて何度も担当者を台湾に派遣し、ＴＳＭＣへのヒアリングを実施したという。米国の信頼は、ＴＳＭＣにとり絶対に守らなければならない防衛線だった。

ただし、完全に米国の軍門に下るわけではない。米政府の要請でアリゾナに建設する新工場には、まず5ナノの技術を移転するが、台湾では既にその先の3ナノを量産し、さらに2ナノの製造ラインの建設にも入っている。

アリゾナ工場が完成するのは２０２４年の予定だから、その時点で5ナノはもはや最先端ではない。たとえ相手が米国であっても、虎の子の技術は手渡さないのだ。

しかし、ＴＳＭＣが恐れていた通り、米政府はその後3ナノを超える技術移転も要求。ＴＳＭＣは理不尽だと感じつつも、米政府に従うしかなかった。

ＴＳＭＣは米国と敵対する中国にも生産拠点を置いている。２０１８年末に稼働した南京工場は１世代前の16〜12ナノで生産中だ。技術レベルでいえば「中の上」程度の工場ではあるが、２０２１年4月にはさらに28億ドルを投じて南京工場を拡張することを決めた。こちらは旧世代の28ナノが中心で、いわゆる「枯れた技術」を使い、半導体不足が深刻な自動車向けに生産するという。

中国への投資を取締役会で決定したのは、アリゾナ進出をめぐる米政府との交渉がまさに大詰めを

図表3-1　台湾がサプライチェーンの要衝

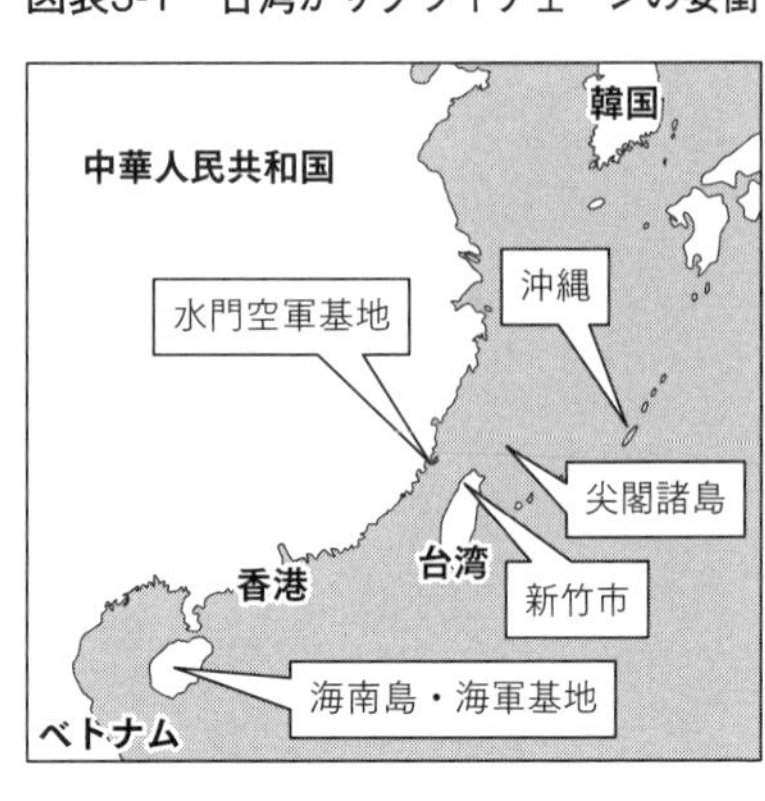

迎えていた時期と重なる。そのような緊張した状況のなかで、あえて中国に近づくような行動をとるのは、バランスをとって米中両国と適度な距離を保つためだ。

移転するのが「中」程度の技術であれば、米国も目くじらを立てないと読んだのだろう。地政学に敏感なＴＳＭＣのリスクヘッジ策である。

守りたいのは半導体

ここで同社の地理的な位置を確認しておきたい。

本社と主要な工場はほぼすべて、台湾島の西岸、台北から鉄道で小１時間の新竹市に集結している。他のファウンドリーも軒を連ね、「アジアのシリコンバレー」とも呼ばれる半導体の一大拠点だ。

その台湾経済の心臓部である新竹と目と鼻の先、海峡を隔ててわずか約２５０キロメートルの距離に、中国人民解放軍がいくつもの軍事拠点を構えている。福建省の寧徳には水門空軍基地があり、超音速の最新戦闘機やミサイルが配備されているとみられる。

入手可能な中国空軍の装備データを地図に照らして計算してみた。戦闘機がひとたび基地を飛び立てば、台湾の新竹までわずか5～7分だ。

軍事面に限っていえば、中国がその気になれば台湾の半導体産業を丸ごと手中に収めることはそう難しくない。台湾海峡での武力行使は考えにくいとはいえ、習政権には、香港で実力を行使し、民主化運動を抑え込んだ前歴がある。中国は台湾を自国の一部と見なしているから、その意味では香港と台湾は同じ位置づけである。

新竹が万が一陥落すれば、世界のサプライチェーンは崩壊する。米国が台湾への関与を強めたのは、民主主義の陣営を守るためだけではない。半導体を守りたいのだ。

2 メルケル転向——主戦場は南シナ海

ドイツが積極発言

2021年4月13日——。日本とドイツの外務・防衛相が、初の「2＋2」閣僚会合をオンラインで開いた。開催を呼びかけたのはドイツ側だった。

ドイツのハイコ・マース外相が、画面の向こう側の茂木敏充外相と岸信夫防衛相（いずれも当時）に向かって、落ち着いた口調で語りかけた。

「私たちが積極的に関与しなければ、他のプレーヤーが将来のルールを決めてしまいます。経済だけでなく、政治や安全保障も同じです。ドイツとしては、覇権主義的な勢力が拡張しブロックを形成する動きを防いで、インド太平洋でルールにもとづく透明で包摂的な秩序の実現を後押ししたいのです」

マースは名指しこそ避けたが、「覇権主義的な勢力」「ブロックを形成」を指すのが中国であるのは明らかだった。これまで中国に融和的な外交路線をとってきたドイツだが、ここにきて日米と足並みを揃え始めた。茂木と岸は、マースの言葉に小さくうなずいた。

ドイツ側のもう一人の出席者、アンネグレート・クランプ＝カレンバウアー国防相（当時）は、これより少し前の2020年12月に、ドイツ連邦海軍のフリゲート艦1隻をインド太平洋に派遣する計画を明らかにしている。

「安全保障の野心を追求して、他の国を圧迫すべきではない」

クランプ＝カレンバウアーは、南シナ海の領有権を主張する中国の動きに警戒感をあらわにし、日本の自衛隊や他の国々との共同訓練にも言及していた。インド太平洋でシーレーンを守ることが、ドイツの国益にかなうという認識である。

ドイツが初めて南シナ海の問題に踏み込み、中国の軍事行動を牽制した発言として、各国の外交関係者に重く受け止められた。

経済優先の15年間

地理的に遠い中国が、ドイツにとり軍事的な脅威になるとは考えにくい。地政学で「ランドパワー（大陸国家）」に分類されるドイツが、アジアの海洋の安全保障に目を向けたことは、少なくとも第二次世界大戦以降にはなかった。アジアの政治、安保の問題を見て見ぬふりをして、経済を優先するのが、これまでのアンゲラ・メルケル政権の姿勢だった。

メルケル首相は2005年に就任して以来、16年間で12回も訪中している。毎年のように北京を訪れていながら、日本はいつも素通りだった。

中国を訪問する際には必ずドイツの企業のトップを引き連れていく。フォルクスワーゲン（ＶＷ）、ダイムラー（現メルセデス・ベンツ）、シーメンス、ルフトハンザなど、ドイツを代表する有力企業である。メルケルは習近平らと首脳会談を開くたびに、数千億円の商談をまとめ上げた。日本でなら「官民癒着」と批判されそうなものだが、企業利益と一体となった外交を疑問視しないのがドイツの流儀だ。

メルケル独首相（提供：DPA／共同通信イメージズ）

メルケルは国内の輸出産業の歓心を買うために、親中路線をとってきた。政権の長寿は、産業界の支持があってこそだ。ドイツの輸出先を国別に見ると、中国と米国がそれぞれ総輸出額の約８％を占める。中国市場で稼ぐドイツ企業にとり、中国は大切なお客様である。

とりわけ経済の大黒柱であるドイツ南部の自動車産業は、メルケル政権にとり決して敵に回してはならない相手だ。政治の力を使って対中輸出を後押しするのは、国内政治の観点で見れば理にかなっている。

そのドイツが微妙に方向転換し始めたのはなぜか――。先端技術をめぐるドイツと中国の関係、とりわけ半導体をめぐる力学に、その答えが隠れている。輸出企業の多くは中国へのモノの輸出が利益の源泉だと考えているが、技術の潮流に目を凝らすと、そう単純でないと分かってきたからだ。

ドイツ産業界の心変わり

「我々は台湾海峡の平和と安定の重要性を強調し、両岸問題の平和的な解決を促す。我々は、東シナ海および南シナ海の状況を引き続き深刻に懸念しており、現状を変更し、緊張を高めるいかなる一方的な試みにも強く反対する」

台湾有事が取り沙汰され始めた2021年6月13日、英国コーンウォールで開いた主要7カ国首脳会議（G7サミット）の共同宣言は、G7として初めて台湾海峡の問題に言及した。「グローバルな責任と国際的な行動」と題した項目のなかでである。台湾の外交部は直ちに声明を発表し、「心から歓迎し、厚く感謝する」と述べた。

メルケルは中国に批判的な文言に消極的だったと伝えられるが、各国の主張に正面から異論を唱えたわけではない。むしろ「反対してみせた」と言う方が正しいかもしれない。国内の輸出産業に配慮しつつも、中国を警戒し始めた一部の産業界の声に押されて、中国と距離を置く方向に一歩踏み込んだと見るべきだろう。それまで誰が見ても明らかな親中路線をとっていたことを考えれば、この小さな修正の意味は大きい。

姿勢を変えた理由は、香港の民主化勢力への弾圧や新疆ウイグル自治区の人権問題にあるが、それは外交上の大義名分であり、底流には別の大きな動きがある。自動車、半導体メーカーが多いバイエルン州ミュンヘンを中心とするドイツ産業界の微妙な心変わりだ。

政治基盤の産業界の視線が変われば、与党のキリスト教民主同盟（ＣＤＵ）とバイエルン州のキリスト教社会同盟（ＣＳＵ）の立ち位置も変わる。ましてや選挙が近づくほど、与党は産業界の声に敏感になる。ドイツは２０２１年９月に総選挙を実施。新政権発足をもって、親中を貫いてきたメルケルは首相の座から降りた。

近未来の自動車覇権

ドイツ自動車産業の内情は、近未来の自動車の姿をイメージすると理解しやすい。

ガソリン車やディーゼル車は、いずれ市場から消え、２０３０年にはかなりの数がＥＶに置き換えられているだろう。ＥＶは機械製品というよりは電子製品である。

ＥＶ化とともに自動運転の技術も進歩する。自動車の原動力は内燃エンジンではなくなり、モーターが車を動かすようになる。車はデータで制御され、そのデータを処理するのが半導体チップだ。

ＥＶと自動運転の開発で先頭集団にいるのが中国企業である。比亜迪汽車（ＢＹＤ）は販売台数で世界2位。米テスラを猛追している。「ＢＡＴ」と呼ばれる百度（バイドゥ）、阿里巴巴集団（アリババ）、騰訊控股（テンセント）の3社も、それぞれの子会社を通してＥＶと自動運転の研究を急ピッチで進めている。もっと正確にいえば、モノである自動車そのものではなく、自動車を使ったサービスに付加価値の起点を置くシステムの開発だ。

ＢＡＴには中国14億人から吸い上げたビッグデータという資産がある。ＥＶ、自動運転の開発には、このデータが欠かせない。政府が公道での実験走行を支援しているため、さらに走行に関するデータは積み上がるだろう。20世紀の石油に相当する資源が、中国の国内で泉のように湧き出ているのだ。

データの受け皿である半導体チップは、走る自動車をコントロールするために、膨大な量のデータを超高速で処理しなければならない。５Ｇの通信がどれほど速くても、視覚情報を０・００１秒単位で判断するには、車から遠く離れたサーバーにデータを飛ばしていたのでは間に合わないからだ。専用の車載チップを開発する必要があり、そのチップの開発には中国のデータが要る。

ＢＹＤやＢＡＴ各社は、動力システムを制御するチップや、情報系のチップ、半導体センサーの開発に、それぞれ数百人の陣容を投入しているという。ＡＩチップで台頭したエヌビディアなど米国のメーカーと技術提携したのも、車載チップとアルゴリズムを日米欧に先駆けて開発するためだ。

自動車帝国の終焉を回避せよ

ドイツの自動車メーカーは、これまで機械工学で世界の先頭を走ってきたが、電子工学のデジタル分野は必ずしも強くない。半導体では、米国、韓国、台湾、日本に水をあけられ、そしていま中国のデジタル企業の群れが、ドイツ企業の背後に迫っている。

自動車が情報端末になれば、機械を背負うドイツ企業は主役の座から引きずり降ろされるかもしれない。そうなれば、代わって自動車産業をリードするのはビッグデータを握るプラットフォーマーだ。すなわち米国のＧＡＦＡＭや中国のＢＡＴが、伝統的な自動車メーカーより上位に立つことになる。

ＥＶや自動運転の開発に必要なデータや技術を中国から与えてもらえなくなるリスクも想定しなけ

ればならない。ドイツメーカーは、安全基準が甘い中国で自動運転の実験を重ねてきたとされる。だが、独裁色が強い習近平政権の振る舞いを見る限り、中国政府が民間企業の経営に手を突っ込むことなど朝飯前だろう。中国政府が望めば、外国企業との提携を解消できるだけでなく、合弁企業を接収することもできる。

モノづくりで優位だったドイツ企業だが、むしろデータの蓄積で先行する中国企業から技術を供与してもらう立場になりつつある。もはや中国は、ドイツの良いお客さんというだけではないのだ。だとすれば、ドイツ産業界は中国にあまり深入りすべきではない。技術の面での中国企業とのつながりに慎重であるべきだ。政府としては経済を優先する路線を修正しなければならない——。こうしてドイツ産業界でデカップリング論が語られるようになった。

2021年8月2日——。ドイツ海軍のフリゲート艦「バイエルン」が、北海に面した港町ヴィルヘルムスハーフェンを出港した。地中海からスエズ運河を抜けインド洋を経由して南シナ海に向かう。地政学でランドパワーに分類されていたドイツが、ついに海軍を動かしたのだ。目指すのは台湾周辺の海域である。

その3カ月前の5月には、ステルス戦闘機「F35B」などを搭載する英国の最新鋭の空母「クイーン・エリザベス」が南部ポーツマスの海軍基地を出港し、東アジアに向かっている。空母だけではなく、ミサイル駆逐艦、フリゲート艦、潜水艦、タンカーなどを伴う「空母打撃群」と呼ばれる艦隊で

東シナ海に向かう空母「クイーン・エリザベス」を中心とする英艦隊
（提供：英海軍）

ある。

米海軍とオランダ海軍の駆逐艦も英艦隊に同行した模様だ。フランスのエマニュエル・マクロン政権も、フリゲート艦「プレリアル」、原子力潜水艦「エメロード」などを南シナ海に向かわせた。

中国から見れば、領有権を主張している台湾と南シナ海を目指して、はるばる欧州から軍艦が続々と集結してきたことになる。習近平の怒りが相当なものであったのは想像に難くない。

ＥＵは２０２１年４月19日の外相会合で、インド太平洋地域でＥＵの利益を守り、安全保障や通商などの分野で同地域での影響力を高める構想づくりで合意した。

９月16日には初の「インド太平洋協力戦略」で台湾との関係強化を打ち出し、半導体のサプライチェーン確保で日韓と連携する方針も明示した。

親中的と見られていたドイツも議論を主導した国の一つだ。その裏では台湾のＴＳＭＣをドイツに誘致する構想が着々と進んでいた。

曖昧なショルツ政権

メルケルの後を継いだ独首相オラフ・ショルツは、中国との距離感をつかめないでいるように見える。22年11月に北京を訪れ、国家主席の習近平と会談。中国側の公表情報によると、ショルツは世界のデカップリングに反対し、中独の相互投資を支援すると語ったという。

23年6月にはドイツを訪れた中国首相の李強の一行を手厚くもてなし、首相府で夕食を交えて会談している。同年3月の日本経済新聞のインタビューでは「中国は大きな経済力を持つ重要な国だ」と述べた。そのうえで「中国はパートナーであり、競争相手であり、同時にシステマティックなライバルである」と語っている。対中政策で何を重視しているのか、焦点が定まらない発言だ。

台湾をめぐる中国との緊張関係については、台湾が中国の一部であるという「一つの中国政策を遵守する」と明言した。

中国と商売はしたいが、政治には関わりたくないのかもしれない。

3　TSMCが見る日本の価値とは

必要なのはメモリー設計エンジニア

「私たちの会社にとって国としての日本の価値ですか？　そうですね、日本の良いところはいろいろありますよ。たしかに半導体素材や製造装置など、いくつか有力な企業があります。けれども私たちが何よりも重視しているのは、日本の人材です。もっとはっきりいえば、メモリーの設計エンジニアです」

電話の向こう側で、ＴＳＭＣ上級副社長のクリフ・ホウ（侯永清）が、中国語アクセントの英語で淡々と語った。

「本来なら２０２０年末までに日本で50人以上のエンジニアを雇う予定でした。それがコロナ禍の影響で、いまのところ20人強にとどまっています。計画を急がなくては……。２０２１年末までに１００人以上に増やすつもりです」

米国の大統領選でバイデン政権の誕生が決まった２０２０年11月の会話である。ＴＳＭＣはこのタイミングを図ったようにインタビューに応じた。登場したのがアジア地域の事業を統括するこのクリフ・ホウだった。ホウはベールに包まれていた同社の日本戦略を語り始めた。

ＴＳＭＣには以前から台湾の知人を介して取材を申し込んでいたが、同社の広報担当者は「社内で検討しますので時間をください」と言うばかりで、なかなか実現しない。ファウンドリー企業であるだけに、そもそも素顔が見えにくい会社である。

とはいえ、こちらとしてはＴＳＭＣの取材は外せなかった。米中の対立が激化するなかで、同社が地政学的に世界で最も重要な企業だと考えたからだ。ＴＳＭＣは米国と中国のどちらからも製造を受託している。米中の狭間でどのような戦略をとるのか――。

質問しようとしていたのは、米中対立の経営への影響やサプライチェーンの変容などについてだ。その希望は広報に伝えていた。

インタビューの日として指定されたのは、米大統領選直後の2020年11月10日。ワシントンが政権移行で慌ただしくなる時期である。なかなか取材が実現しなかったのは、同社の政治的な判断もあったのだろう。米中の関係が一段と険悪になり、台湾が焦点となっているだけに、メディアへの発言に慎重だったようだ。

この時期、世界のメディアには、ワシントン発の記事があふれていた。選挙で敗北した後も権力の座にしがみつこうとするトランプ。新政権の立ち上げを急ぐバイデン――。時々刻々と発信されるのは米国の政治の動きを伝えるニュースばかりだ。

こうしたドタバタの状況のなかでは、台湾の一企業がメディアに何を語ったとしても、発言の影響を薄めることができる。企業がよく使う広報の「希釈戦術」である。それだけ同社がメディアの取材に神経質になっていたことの証左ではないだろうか。

オフレコ、オンレコの区別など、ホウの発言を記事でどう扱うかについて、同社からさまざまな要請があったが、条件は呑むしかなかった。コロナ禍で台湾に飛んでいけない以上、いまは1本の電話だけが頼りだ。

日本は開発拠点？

「ご存じの通り、東京大学と共同で研究プロジェクトを立ち上げました。いま5～6本の研究テーマを検討していて、議論が最終段階に入ったところです。順調にいけば2～3年後に成果を出せるでしょう。共同研究の経験を土台にして、次の開発テーマに発展していくかもしれません」

ＴＳＭＣは２０１９年に東大との関係を深め、基礎研究での連携に踏み出している。だがホウが明らかにしたのはそれだけではなく、さらに日本に大規模な研究開発の拠点をつくる計画だ。それまでにも茨木県つくば市に拠点をつくる噂は流れていたが、１００人以上の規模で人材の獲得を急いでいるとは知られていなかった。

日本には半導体を製造するためのではない。素材を開発するため、製品を設計するために日本にやってくるのだという。とはいえ日本にとって肝心なのは、実際にモノをつくる工場である。

この時期、日本の経産省は、アリゾナ工場に対抗して日本にも工場を誘致しようと、水面下でＴＳＭＣと交渉を続けていた。それだけに、ホウの「日本は研究開発の拠点としては重要」という発言には、いささか拍子抜けした。ＴＳＭＣは生産拠点としては日本に価値を見出していないのだろうか……。

――日本政府とはどのような対話をしていますか。

経産省は研究拠点だけでなく工場誘致を働きかけている。ダメもとで重ねて質問した。答えは分かっている。

「それについてはコメントできません」

知らないのではなく、言えないということは、交渉が継続中であり、日本への工場進出もありうるという意味だ。そこで、あくまで一般論として聞いてみた。

――日本で半導体を生産する可能性はありますか。

「現時点でその計画はありませんが……」

この時ホウは否定したが、実際には経産省とＴＳＭＣの交渉はかなり進んでいた。計画には日本のソニーも関与している。秘密交渉の成果は約1年後の２０２１年秋に表面化することになるが、これについては後の章に譲ることにしたい。

「私は関与していないので……」

日本に進出するかどうかは不透明だが、米国アリゾナ工場の計画は順調だろうか。同社は２０２０年5月に１２０億ドル（約1兆８０００億円）を投じて工場を建設すると正式に発表している。

――日本以外の国ではどうでしょう。

「ご存じのように米国でプロジェクトを検討していて、いまはそれに集中しています。おそらく米国の工場建設にめどをつけた段階で、グローバル市場を見回して次の計画を考えるかもしれません。それまでは他の国での生産は考えません」

アリゾナ工場は２０２１年中に着工し、24年に操業を始めると伝えられている。しかし、計画は発表したものの、米政府の補助金の規模や、コスト問題、雇用、環境アセスメントなど、その後の進展は報じられていない。現状はどうなっているのか。

――アリゾナ工場建設の現状について教えてください。

ここで広報が慌てて会話に割って入った。アリゾナ工場については一切コメントできないという。

インタビューは終了となった。

広報担当者の強い口調の声と重なって、アリゾナ工場についてホウが最後にぽつりと残した言葉が印象的だった。

「その問題に私は関与していないので……」

経営陣の一人として経営責任を負う立場にあるのだから、関与していないはずはない。経営判断を超えた政治的な力が働いているに違いない。日本への進出をためらうだけでなく、ＴＳＭＣは米国にも行きたくて行くわけではないのだ。そう直感した。

4　迫害から生まれた「半導体の父」

発言に温度差

「米政府と協力し、必ず成功させます」

上級副社長のホウとのインタビューの半年後の２０２１年4月13日に、ＴＳＭＣの経営トップであるマーク・リュウ（劉徳音）董事長はアリゾナ工場の計画に公に言及している。米政府が主催した半導体に関する官民会議に出席した際の発言だった。

予定通り、同年中の着工を目指すという意思表明である。とはいえ言葉のなかに熱心さは感じられず、どちらかといえば決まったことを口にする外交辞令のような印象だったという。

そのすぐ後、ＴＳＭＣの創業者であるモリス・チャンは、4月21日の講演でリュウの発言を打ち消すように語っている。

「米国は台湾に比べ、希望して製造業に入る人が少なく、優秀な人材を大量に確保するのが難しい。コストも非常に高い」

「台湾には自ら進んで製造業に入る優秀な人材が多い。これは非常に大事なことです。米国はそうではない」

「短期的に補助金をもらっても、長期的なコストは賄えません」

チャンが伝えようとしていたのは、米国への工場進出は経済合理性に照らせば悪手であり、本来ならば台湾にとどまるべきだという考えだ。現役の経営トップの公式発言とカリスマ創業者の言葉の間に、かなり温度差がある。その背景には、台湾と米国の駆け引きがあった。

巨人の苦難

モリス・チャンは台湾の「半導体の父」と呼ばれ、IT産業の頂点にある伝説的な人物だ。米国の半導体大手テキサス・インスツルメンツ（TI）に20年以上勤めた後に台湾に渡り、TSMCを創業した。強力なリーダーシップで同社を世界最有力のファウンドリーに育て上げた後、2018年6月に経営の表舞台から身を引いた。

一線から退いたとはいえ、チャンは経営に絶大な影響力がある。半導体の父の言葉は重い。そのチャンがアリゾナへの工場進出に反対する姿勢を公言している。講演のなかでTSMCの競争力の源泉に言及し、さらにこう持論を述べている。

「大事なのは経営の上層部をすべて台湾人が占めていることです。ライバルのサムスン電子も同じように上層部は韓国人が占めている」

同時にもう一つのライバルである米国のインテルについて、痛烈な皮肉を放った。

「彼らは台湾のファウンドリーがこれほど重要になるとは思っていなかったはずです」

「１９８７年にＴＳＭＣを創業する際に（インテルに）出資を求めたけれど、見下されて断られました。けれども30年たったいまになって、インテルは我々と同じビジネスに参入すると発表しましたね。彼らにとって当時は予想もしなかった展開でしょう」

韓国のライバルも恐れず、米国の政財界にも物怖じしない。

TSMC創業者モリス・チャン（提供：共同通信イメージズ）

その胆力のゆえんは、彼の生い立ちを知れば納得がいく――。

チャンが生まれたのは１９３１年7月10日。出身地は台湾ではなく、大陸中国の浙江省寧波市である。寧波は上海から車で2時間半ほど南に下ったところにある経済都市だ。

父親は寧波市の市街部である鄞州区の役人で、財務を担当していた。だが、中国共産党の人民解放軍が内戦に勝利し、１９５０年に名実ともに中華人民共和国が成立する少し前に、チャン一家は寧波市から英国領の香港に移住した。

一家が共産党に追われていたからだ。チャンの両親は蔣介石の国民党を支持していたため、毛沢東が政権を樹立すれば、一家が迫害されるのは目に見えていた。チャンの半生は、常に何かに追われ続けていた。

毛沢東が北京の天安門の上に立ち、中華人民共和国の建国を宣言したのは１９４９年10月１日。その後、共産党軍が11月30日に重慶を攻め落とし、蔣介石の国民党政府は台湾島に追いやられたが、中国大陸ではしばらく内戦が続いた。

国外脱出のドアは閉じかけていた。チャン一家をはじめ多くの国民にとり、この内戦期が最後のチャンスだった。チャンたちは、わずかな歴史の隙間から逃げ出したのだ。

青年期のチャンにとり、香港は第２の故郷のような都市である。転勤や日本軍の侵攻などによって父親は江蘇省南京、香港の北西部にある広東省広州などを転々とした。この間にチャンは香港に住み、香港の小学校に通っている。

日本軍が１９４１年に香港を占領すると、香港を脱出して一家の地元である上海、寧波の地域に再び居を移す。だが、わずか数カ月を過ごした後に、さらに北上して山東省済南市の長清区を目指している。済南は蔣介石の国民党軍が一時的に拠点を置いた都市である。チャン一家は最後まで国民党についていった。

少年時代のチャンは聡明さで知られ、学業が優秀だった。当初は小説家かジャーナリストを志望していたそうだ。社会への関心を持ち、正義感が強い若者だったのだろう。だが、現実路線の父親が反対し、文筆活動への道は諦めた。生きるか死ぬかの戦乱の世に文学どころではない、というのが親としての正直な気持ちであったに違いない。

チャン一家はわずか数年の間に、日本列島の南から北までを往復するほどの距離を動き回ったことになる。心に夢を抱きつつ、多感な青年期に緊迫した戦時を生き抜いたチャンが、迫害の恐怖のなかで地政学的な嗅覚を磨いたのは想像に難くない。

米国でエリート・エンジニアに

香港には長くは滞在しなかった。翌年に米国に渡り、ハーバード大学に入学した。2年生の時に、同じボストンにあるマサチューセッツ工科大学（ＭＩＴ）に編入し、1952年に機械工学の学士号、翌年に修士号を取得している。中国大陸を飛び出してわずか3年余り。中国の文学青年だったチャンは、米国のエリート・エンジニアになっていた。

ＭＩＴを出てからは、大手電機メーカーのシルバニア・エレクトリック・プロダクツに採用され、新規事業だった半導体部門で研究開発に携わった。ここに3年間勤めた後に、当時急成長していたテキサス・インスツルメンツ（ＴＩ）に転職。やがてエンジニアリング部門のマネージャーに昇進した。

1958年から83年までの25年間に、出世の階段を駆け上がり、半導体のグローバル事業を統括するグループ副社長まで務めている。チャンが略歴などで「ＴＩ出身」と紹介されるのは、エンジニアとしての能力と経営の手腕を同社の組織のなかで磨いたからだ。

やや話が本筋から外れるが、青年チャンが最初に就職したシルバニア・エレクトリック・プロダクツについて紹介したい。チャンが台湾の半導体の父になった理由を考えるうえで、同社は興味深い企業である。第2次世界大戦前に創業したシルバニアの名を知る人はいまは多くないが、人々の目に触れる場所が2つだけある。ディズニーランドと高級オーディオ店だ。

シルバニアはラジオ、テレビ、電気部品を製造する電機メーカーで、ディズニーランドの人気アトラクション「イッツ・ア・スモールワールド（It's a small world）」のスポンサー企業だった。入り口に掲げられた「シルバニア」のロゴが、記憶の片隅に残っている方もいるのではないだろうか。

オーディオのファンには、「シルバニア」はアンプに使う真空管のブランドを意味する。そもそもこの会社の前身は電球メーカーであり、ガラスのなかを真空にする点で、電球と真空管は同じ技術だ。同社の事業が電球から真空管に移行していったのは自然な成り行きだった。

チャンが同社に入社した1950年前後はシルバニアの第2の転機だった。電子技術が真空管から半導体に変わる過渡期だったからだ。シルバニアも時代の波に乗り遅れまいと、半導体事業の社内ベンチャーを立ち上げて人材をかき集めた。拾われた一人がチャンである。

それまでチャンは半導体の研究をしていたわけではない。専攻は電気ではなく、機械である。時代のめぐり合わせで元電球メーカーのシルバニアに雇われることがなければ、台湾の半導体の父は生まれていなかっただろう。

チャンが1985年に台湾に向ったのは、技術官僚出身の政治家、孫運璿から三顧の礼で迎えられたからだ。孫は蔣経国内閣の下で台湾のハイテク産業の礎を築いた人物として知られ、孫が奔走して産官共同で73年に設立した工業技術研究院（ＩＴＲＩ）が国策で台湾の半導体産業を育てていた。

董事長兼院長に就いたチャンは、政官界で最も枢要な人物として活躍し、自ら87年のＴＳＭＣの設立に関わった。ＴＳＭＣの最初の工場は、今でもＩＴＲＩの敷地のなかにある。

日中戦争と中国の内戦の時代に、追われるようにして米国に渡り、技術が大きく変化する節目の時代に、半導体の世界に放り込まれた。本人の意思とは別に、毛沢東、蔣介石、東條英機らが跳梁した歴史の大きなうねりが、台湾半導体の父、モリス・チャンという傑出した人物を生み出したといえる。

モリス・チャンは中国共産党に追われ、米国の半導体産業で育ち、台湾の半導体産業をつくった。いま米国は、中国に対抗するために、喉から手が出るほどＴＳＭＣを欲しがっている。米中対立のおかげで、ＴＳＭＣは米政府と対等に渡り合える立場を得たともいえる。

「自由貿易は既に死んだ。安全保障が国家の最重要事項になり、ＴＳＭＣはみなが必要とする会社になった」

モリス・チャンが23年10月、台湾の新竹で開いたイベントで語った言葉である。

中国に屈せず、かといって米国の言うなりにもならない――。戦争の業火と技術革新の荒波のなかを駆け抜けたチャンにとっては、現在の米中台の綱引きは歴史の1コマにすぎないのかもしれない。

column

幻の日の丸ファウンドリー構想

半導体を受託製造するファウンドリーのなかでは、台湾のＴＳＭＣが頭抜けた技術力を持ち、世界のどの企業が10年かけても追いつけないといわれている。

だが、日本にもファウンドリーを国内で育てる構想があった。成功していれば、世界の半導体メーカーがＴＳＭＣに依存する一極集中の構図が変わっていたかもしれない。

「このたび３００㎜ウエハー対応の半導体製造合弁会社『トレセンティテクノロジーズ株式会社』を設立しました。新会社は茨城県ひたちなか市の日立ＬＳＩ製造本部Ｎ３棟内に拠点を置き、業界に先駆け３００㎜ウエハー対応の量産ラインを構築します」

２０００年３月21日の日立製作所の発表文は、こう誇らしげに記している。合弁相手は台湾の聯華電子（ＵＭＣ）。この時期にはＴＳＭＣと伍して業界の先頭を走っていた台湾第２のファウンドリーだ。技術力は当時、ＴＳＭＣと互角ともいわれていた。

新会社の社名「トレセンティ」は、ラテン語で「３００」を意味する。当時最先端だった３００ミリ口径のウエハーを使い、高速でチップを量産する世界初のファウンドリーである。まだＴＳＭＣも実用化していない未到の領域だった。

日立が外国企業との合弁の道を選んだのは、懐具合がさびしかったためだ。画期的な技術であるだけに、最低でも７００億円かけて生産ラインを建設する必要がある。当時としては大きな金額だ。バブル崩壊後の日本のメーカーはどこも満身創痍で、1社で賄える金額ではない。

合弁相手を探し、国内だけでなく米国、欧州の企業にも声をかけたが、色よい返事がない。ただ1社だけ興味を示したのが、台湾のUMCだった。

技術的な壁の高さにたじろいでいたUMCを説得するため、日立の半導体生産技術を統括する小池淳義が台北に飛び、経営トップの曹興誠（ロバート・ツァオ）会長への直談判に臨んだ。

「たしかにリスクはあるが、お互いに意義のある構想だ。よし、やりましょう」

小池が説明を始めて15分もしないうちに、曹は日立と組むと決断し、小池の手を握った。日本国内に最先端ファウンドリーを築く日台連合が結成された瞬間だった。

トレセンティの技術は、チップを低コストで大量に生産できる。量産体制が整うと、世界のメーカーが関心を寄せた。この頃急成長を遂げていた米国のクアルコムも、そのうちの1社だ。だが、クアルコムは、発注するうえで条件をつけた。トレセンティが、ライバル企業の子会社であることを嫌い、日立からの独立を求めたのだ。

日立としては、金のなる木となったトレセンティへの関与を強めたい。他社から製造を請け負うビジネスモデルを、格下の「下請け業」と見なす空気もあった。日本初のファウンドリー構想に日立という大きな壁が立ちふさがっていた。

その後、半導体不況が襲い、日立は半導体部門を手放すことになる。UMCもトレセンティから手を引いた。歴史に「もし」は禁物だが、トレセンティが発展していれば、TSMCの独走を許さなかったかもしれない。不況期にトレセンティを支える政策が実施されていれば、世界で一、二を競うファウンドリーに育っていたかもしれない。すべて後の祭りである。

2002年2月19日——。会社設立からわずか2年後に、日立はUMCとの合弁を解消した。日台連合のファウンドリー構想は露と消えた。

その時UMCは、呉宏仁取締役の名で、こんな声明を発表している。

「トレセンティの合弁事業でUMCと日立とはお

互いの強みを最大限に活かして世界初の300㎜ウエハー量産ラインを急速に立ち上げるというすばらしい偉業を成し遂げました」

その「偉業」が引き継がれることはなかった。

歴史の皮肉と呼ぶべきか。トレセンティが建設した「N3棟」は、2021年3月に火災事故が起きたルネサスの那珂工場（茨城県ひたちなか市）の「N3棟」になっている。ファウンドリー構想の夢が破れた後、同じ建物に再び深い傷痕が刻まれたことになる。

IV 習近平の百年戦争

シルクロードの砂漠を行くラクダ（甘粛省敦煌市）。（提供：新華社／共同通信イメージズ）

米国のバイデン政権は、前政権にも増して中国の技術封鎖を強めた。中国は一定の水準以上の技術、製品の輸入ができなくなり、自前で開発を進めなければならなくなった。これを中国の悲運と見るのが普通の感覚かもしれない。

たしかに米国の輸出規制によって、中国の半導体産業が窮地に陥ったのは事実だ。だが、米台韓日との技術格差が一段と広がったかといえば、そうではなかった。むしろ縮まったのだ。

2023年8月、米国の制裁の矛先となっていたファーウェイが、最新型のスマートフォンを発表。ここに回路線幅7ナノの最先端チップが搭載されていることが判明したからだ。世界の半導体業界は文字通り、驚愕した。

7ナノといえば、台湾のTSMC、韓国のサムスンの独壇場で、世界の巨人インテルですら量産で苦戦している最先端の技術である。ファーウェイの半導体子会社であるハイシリコンが設計し、ファウンドリーの中芯国際集成電路製造（SMIC）が製造したのだろう。

トランプ政権がファーウェイ制裁を打ち出してからわずか3年半強。14ナノが限界などと見下されていた中国の技術水準が、一気に、台湾、韓国に追いついたことを意味する。

中国包囲網に抜け穴があったと指摘する声もある。米国、日本、オランダの製造装置を、中国メーカーが密かに入手していたとの見方だ。

だが、要は米国が中国のキャッチアップ力を甘く見ていたのだ。第Ⅱ章第5節「韓国を締め上げる」で紹介した日本の誤算と同じ現象が、いま中国で起きている。

米国の対中禁輸が中国の技術開発を加速させている。それは中国の「悲運」ではなく、「好機」だったのかもしれない。

1　ファーウェイの胸中

1980年代日米摩擦を分析し、腹を括る

始まりはトランプ政権が発動したファーウェイへの禁輸措置だった。時計の針を2020年5月15日に戻そう――。

トランプ政権はこの日、ファーウェイを封じ込めるための決定的な強硬策を発表した。ワシントンからの報道は多いが、その時、ファーウェイ側は何を考え、どう対応しようとしたのか。

同社のアキレス腱は半導体サプライチェーンだった。米政府はそこを突いて、同社の頭脳である半導体子会社のハイシリコンを孤立させた。

ファーウェイはスパイ行為や中国政府の関与を全面的に否定するが、国家間の紛争のなかで企業としてできる対応策はあったのか――。社内で起きたことを、当事者から聞かなければならない。

ファーウェイ日本法人の代表取締役会長、王剣峰に語ってもらおう。

――トランプ政権が制裁を強化したとき、ファーウェイの社内でどんな議論がありましたか。

「率直にお話ししましょう。私たちがまず取り組んだことがあります。それは半導体をめぐる1980年代の日米摩擦の分析でした。社内の経営戦略部が、日米交渉の経緯や協定の中身を精査し

王剣峰ファーウェイ日本法人会長（筆者撮影）

ました。

その結果が役員会に報告され、会社として日米半導体協定をどう理解すべきかが議論されました。そして導き出された結論がこうです。

米国の同盟国である日本ですら、これほど手厳しい扱いを受ける。ならば、我々には幻想を捨てて進む以外の選択肢はない。現実を見て足元を固めるほかできることはない。そのように方針が決まりました。

よく覚えているのですが、私たちは日米半導体協定のなかにとても印象深い一文を見つけました。日本企業が保有している１０００余りの技術を開放するように、といったことが書いてありました。

当時、日本の半導体産業は特にメモリーの分野で世界をリードしていましたから、その力の源泉である技術を開放しろとは、驚くべきことでした」

この時、ファーウェイは観念したのかもしれない。どうあがいても無駄であると、２０２０年のかなり早い段階で腹を括ったに違いない。

トランプ政権は、1年前に始めた禁輸措置を２０２０年5月にさらに強め、米国の製造装置やソフトウエアを使っていれば、第三国からの輸出も規制対象にした。ＴＳＭＣからハイシリコンへの供給が止まったのは、この措置のためだ。ＴＳＭＣは製造に米国の技術も使っていたからだ。

王の話を聞いて、日米半導体交渉に臨んだ日本の官僚ＯＢの顔が頭に浮かんだ。交渉の話題になるたびに、記憶を反芻して苦い表情を見せていた。不平等な協定を押しつけられたことへの積怨ともいえる感情の表れだった。

諦観というより現実主義

プライドが高い中国企業のことである。ファーウェイの側から見て「理不尽な米政府の措置」を、すんなりと受け入れたとは思えない。

――悔しくなかったですか。

王は一瞬だけ困った顔をした。

「それは悔しいに決まっています。けれども、これも競争のうちだと考えています。これまでにさまざまなプロジェクトの仕事をしてきましたが、そのたびに思いもよらない困難に突き当たったものです。

感情は何の助けにもなりません。現実を直視しなくてはなりません。もちろん当初は感情の高ぶりはありました。５Ｇ機器が市場から排除され、私自身も眠れない日々でしたから。

毎晩３時、４時まで起きていて、ずっとニュースを見ていました。欧州の新聞、日本の報道……。

何が起きているのか知りたくて、あらゆるメディアをチェックしていました。でも時間がたつにつれ、だんだん気持ちは平和になっていきましたよ。そう、平和になっていきました」

わずか一年前の出来事であるのに、遠い過去を思い出すように、語調を緩めて王は語った。諦観というより現実主義なのだ。

王は浙江省金華の出身。地元の浙江大学の電気電子工学部を卒業した後、華北電力大学の大学院を修了し、2001年5月にファーウェイに入社した。入社後の大半は海外勤務で、日本には13年に赴任した。日米が半導体で激しくやり合った頃は、まだ少年といえる年齢だった。

新たな事業戦略でサバイバル

王個人の感想はさておき、ファーウェイ社内の空気はどうだろう。経営陣はいま、何を考えているのか。

——米政府の規制がこの先もずっと続くと想定しているのですか。企業として打てる手はないということでしょうか。あるいはいずれ元の状態に戻る可能性を視野に置いているのでしょうか。

「正直、そうした議論は社内ではほとんどありません。社内で共有されている認識は、ただ一つだけ。それは『サバイバル』です。これは競争であり、とにかく生き残るしかない。そう方針は決まっています。そのために新たな事業戦略をつくっています。

半導体チップの問題は、自分たちだけでは解決できません。いまは（半導体問題の）影響を受けにくい分野を強化しようとしています。

大きな打撃を受けたスマホは、これはもう、仕方がありません。持てる力をタブレット、ラップトップ、モニター・スクリーン、スマートウオッチなどに注ぎ込んでいます。こうした足元の事業の調整をしています。

さらに、過去に蓄積してきた技術を、他の分野に応用できないかと考えています。たとえばエネルギー分野です」

ファーウェイはかつて機械室などにある電源装置を手がけていたことがある。太陽光発電設備を駆動するインバーターにこの技術を応用し、新たな収益源になっているという。

王はさらにＥＶ向けの電子部品も例として挙げた。高度な半導体の用途はスマホに限らない、というわけだ。モノづくりの会社としてだけでなく、産業のＤＸの分野に手を広げ、「ソリューション」を売る会社になる構想を描いている。

ファーウェイは１９９０年代に半導体の自社開発を始めた。もともと産業用の通信設備のメーカーであり、自社の製品に組み込む専用のチップをつくる必要があったからだ。

子会社のハイシリコンは消費者向けのスマホ用チップで知られるが、技術の根には産業向けの設備がある。産業分野に戻って活路を見つけるという考え方が、社内に浮上しているのだろう。だとすれば大きな方向転換だ。

TSMC抜きでの戦い

とはいえ、スマホで磨いたハイシリコンの高度な技術を、簡単に捨てられるはずはない。中国政府も技術水準を落とすような選択を許さないだろう。ファーウェイの目に、サプライチェーンの変容はどう映っているのか。TSMCとの関係を断たれても「サバイバル」する道はあるのか。

——TSMCに頼らずに、中国の国内で高度な半導体を製造できるでしょうか。

「1990年代に（中国で最有力のパソコンメーカーの）レノボで、こんなことがあったそうです。貿易、工業、技術の3つのうち、会社としてどれを重んじるべきか。さんざん議論したといいます。その結果、貿易を優先するという判断を下し、海外からモノを買いつけて、それをもとにして中国で加工、生産するという道を選びました。多くの中国企業がこのようなスタイルだったと思います。

正直なところ、そのせいで中国のある分野の技術力が伸び悩んだ面があるのではないでしょうか。製造の分野が遅れました。中国はそういう国です」

——台湾のTSMCから供給を受けられない以上、中国国内のファウンドリーを使うしかないのではないですか。

「5G対応のスマホはハイシリコンの最先端のチップを載せていました。ハイシリコンが設計し、製造はTSMCに委託していました。中国は設計ではかなり技術力をつけましたが、製造は追いついていません。中国には7ナノ以下のチップをつくれるファウンドリーはありません。

有力なファウンドリーは、中国にはまだ5～6社しかありませんし、しかも最大の中芯国際集成電路製造（SMIC）は規制対象に指定されています。なんといっても莫大な投資が必要なビジネスですから……。もちろん、弊社としては、ファウンドリー企業の製造能力を高めるための支援はしています」

製造の面で中国の課題は多いとみているようだ。ＴＳＭＣは中国の南京にも現地工場があるが、ここで製造できるのは最先端のチップではない。

スマホには最先端のチップが要るのに、ファーウェイはそれを設計できても国内で生産することができない。ハイシリコンの高度な技術が活かせないことに、王は残念そうな表情を見せた。

中国の弱点は製造機器にも

これから先、製造能力を高めていくには、半導体をつくるための機器が必要なはずだ。中国には、まだ製造機器の産業が育っていない。

――製造機器はどうでしょう。ここにも米政府の規制がかかっています。海外メーカーからの調達に支障が出ているのではないですか。

「輸出規制を受けている製造機器については、中国が自分でつくれる力をつけていくほかないでしょう。しかし、先端的なチップに関わらない機器については、米国のメーカーは引き続き中国に供給できると考えています。

こんなことがありました。私たちは日本の船橋に研究開発のラボがあるのですが、ここで新しい製造機器を導入する必要がありました。社内で調べると、米国の規制に抵触しないと分かりました。そこで日本のメーカーに問い合わせをしたのですが、断られてしまいました。

仕方がなくドイツとスイスの企業から調達して、地球を半周して持ってこなければなりませんでした」

遠慮がちな表現ではあるが、日本と米欧の企業の判断基準の違いを指摘している。王の見立てでは、米欧の企業は政府の規制を法的にきっちり見極め、規制をクリアした製品は正々堂々と輸出する。これに対して、程度の差こそあれ日本の企業には忖度の力学と横並びの意識が働いている。

一般的な製造機器ならば、海外からなんとか調達できるとファーウェイは踏んでいる。しかし、高度な機器に関しては、中国メーカーの技術力は一朝一夕に身につくものではない。中国の弱点は、半導体そのものを製造する能力だけでなく、製造機器にもある。

頭でっかちで体が育っていないのだ。その未発達な産業構造の中心に、ファーウェイがいる。

4Gチップ調達にめど

――ハイシリコン設計のスマホ用5Gのチップは台湾から供給を受けられなくなりましたが、それ以外の必要なチップは輸入できていますか。

「最近、良いニュースがありました。米国のクアルコムからの供給が再開されたのです。（最先端の5Gではなく）4Gのチップのみという条件つきですが、それでも大変に嬉しいことです。スマホ市場ではまだ4Gが主流ですから。

もともとハイエンドはハイシリコン製チップ、ミドルエンドはクアルコム製チップを使うのが弊社の方針でした。これまでクアルコムから年間5000万個ほどのチップを買っていました。再びクアルコムから調達できればスマホ事業に道が開けます。

いまでもはっきり覚えていますが、クアルコムより先に行動を起こした米企業はインテルでした。最初に制裁リストが示された直後から素早く動き、規制対象ではないチップを見定めて、1カ月後には中国に輸出を始めています。これにテキサス・インスツルメンツ、ブロードコムなどが続きました。必ずしも、これらの大企業の政治力が強かったから、というわけではないと思います。むしろ文化の問題ではないでしょうか。当時、日本メーカーは戦々恐々としていて、身動きがとれないでいましたから……」

ファーウェイが米国製のチップを必要としたのと同じように、米国の半導体メーカーも中国の市場を必要とした。事実、米国の半導体業界は輸出規制の強化に反対する姿勢をとり、トランプ政権に規制緩和を要求している。

王が言いたいことは、米企業が安全保障ではなくビジネスの論理に則って行動すれば、米中間のサプライチェーンは途切れないということだ。

特にクアルコムはもともと中国市場への依存度が大きい。輸出規制が長引けば最もダメージが大きくなるだろう。

米政府は5G用などの先端領域でファーウェイとの取引を禁じたが、ファーウェイは引き続きインテルからも一般的なサーバー用CPUの供給を受けているという。

終わりなき多次元ゲーム

米政府は米国内の巨大な市場をテコにTSMCやサムスン電子の工場を誘致したが、中国側も中国内の市場を調達力のテコとして使っている。

貿易戦争の裏側に、市場の吸引力を利用した綱引きがある。さらにその下には、それぞれの国内で政府と企業の駆け引きがある。

トランプが引き金を引いた制裁合戦によって、そんな多次元のゲームの構図があぶり出された。このゲームに終わりはあるのだろうか……。

——このままいけば、中国と、米国を中心とする国々との技術のデカップリングが起きませんか。

「いま起きている状況は、米ソ冷戦の時とは違うと思います。技術のデカップリングは簡単には起きません。米国としても、すべてを切り離すというわけではなく、ここでは協力し、ここでは競争する、という風に2つに分かれていく可能性が高いと見ています」

王の言う通りかもしれない。ただしその前提は、一定の制限の下でも市場が機能し、企業が合理的で自由な行動をとれることだ。

企業の利益と国家の利益は同じではない。企業は時に自国の政府と対立する。米国では企業と政府が利害を調整する「装置」としてワシントンがフル稼働している。

中国にはそれがない。ファーウェイの意思が中国政府と同じでなくても、中国の多くの企業は政府の監督の下にある。

このインタビューは２０２１年8月27日に東京で行った。王はこの時、米国の制裁によってスマホの事業が停滞するのはやむを得ないという趣旨の発言をしている。その予測の半分は当たらなかった。ファーウェイがスマホの開発を続け、23年に7ナノの技術を確立したのは前述の通りだ。

だが、発言の半分は正しかった。ファーウェイは持ち前の現実主義で「サバイバル」を果たした。自前の製造機器の開発が進み、ＴＳＭＣに頼らない生産体制を国内で築きつつある。

王が予言した通り、半導体の貿易は2層に分離した。技術デカップリングは最先端の領域で起こったが、汎用品の領域では自由貿易が続いている。

米政府はバイデン政権の下で禁輸措置を強化した。米国への忖度で、日本企業は対中輸出を自粛した。いつか来た道である。

2　自給自足の夢

なぜ陥落しないのか

米国によって技術封鎖された中国は、半導体の自給自足を急ぐしかなかった。中国企業には設計の面で米国の有力企業と肩を並べる力があるが、製造技術が弱い。

米中貿易戦争を２０１８年までさかのぼって眺めてみよう。

当初ファーウェイは、制裁の下でも予想以上の粘り腰を見せていた。ファーウェイより先に制裁の槍玉に挙がった中興通訊（ZTE）がわずか3カ月で音を上げたのに比べると、ファーウェイは1年以上、持ちこたえている。

その理由の一つは、半導体を社内で開発し、自社の通信機器やスマホに自社製チップを使っている点にある。

余裕というほどではないにせよ、この時期のファーウェイは、どこか涼しい顔をしていたようにも見える。米国からチップを買っていたZTEとは異なり、自分たちの技術力に自信を持っていたからに違いない。

なぜファーウェイは陥落しないのか——。トランプ政権は、いら立ちを募らせた。サプライチェーンを徹底的に調査するよう、改めて商務省に命じたはずだ。その結果、発見したのが、ファーウェイと台湾のTSMCとの密接な関係である。ファーウェイは、チップの多くをTSMCに委託して生産させていた。

米政府の目論見に反し、TSMCからファーウェイへの供給は止まっていなかった。この抜け穴をふさがなければならない。

ファーウェイが白旗をあげたのは、2020年5月。トランプ政権が輸出管理法の域外適用を強化し、第三国からの輸出も差し止めたときだ。これでファーウェイは、自社のチップを台湾から運んでくることができなくなった。

米国から見た抜け穴は、中国から見れば弱点である。今度は習近平政権が焦る番だった。

莫大な補助金、国策ファンドからの投資、市場での資金調達の支援、工業団地の整備——。国産化の夢を果たすために政策を総動員する習政権の姿は、なりふり構わず猛進する巨象のようだ。向かう先は製造の分野にある。台湾からのサプライチェーンを断たれたからには、いまはまだ力不足の国産ファウンドリーにテコ入れするしかない。

急成長する中国の製造機器メーカー

中国の生産力を裏側から見てみよう。製造現場からの情報は乏しいが、半導体をつくるために必要な装置のメーカーの動きを探れば、おおよその様子はつかむことができる。製造機器の需要は、半導体メーカーの設備投資と表裏の関係にあるからだ。

2021年3月17日――。上海で開かれた半導体製造装置の展示会「セミコン・チャイナ」は、コロナ禍のなかでも盛況だった。バイデン政権が発足して以来、初めてリアルで開かれる国際的な半導体のイベントである。

参加者の声を聞くと、中国の装置メーカーの成長ぶりが分かる。米国の制裁が始まる前までは、米国、日本、韓国、ドイツ企業の存在感が大きかったが、今回は中国企業の躍進が目立っていた。会場は思いのほか熱気に包まれていた。

たとえば北京に拠点を置く北方華創科技集団(NAURA)は、2020年の売上高が前年比で4割増え、純利益も4割伸びた。シリコンの表面に電子回路を描くエッチング装置や、薄い膜をつくる物理気相蒸着(PVD)装置、化学気相蒸着(CVD)装置など、製造ラインの中核となる機器が販売を伸ばしている。

ＮＡＵＲＡは日本の部品サプライヤーとの取引が多く、多くの日本人の技術者が在籍することでも知られる企業だ。日本企業から人材を引き抜いているのは間違いない。人と部品が足りないのは、成長企業の特徴である。

同社はセミコン・チャイナの約1カ月後に、新株発行で85億元（約１４００億円）を調達し、設備投資と研究開発を加速すると発表した。調達額の約半分を北京のハイテク工業団地の工場拡張に充て、増産体制を敷く。国内の需要が急増している証左だろう。

だが、最も注目すべき企業は上海の中微半導体設備（ＡＭＥＣ）だ。

テクノロジー企業を扱う上海証券取引所「科創板（ＳＴＡＲ）」の上場第一陣に名を連ねた製造機器メーカーである。微細加工に欠かせないプラズマエッチングを得意とし、現在は上海に新工場を建設中だという。

「科創」とは科学技術と創新（イノベーション）を指す。米国のナスダックを模して、習近平の肝いりで２０１９年７月に開設した新しい証券市場である。

中国政府が科創板の設立を発表したのが18年11月。米中対立が激しさを増した時期だった。上場企業には、ＡＭＥＣのほかファウンドリーの中芯国際集成電路製造（ＳＭＩＣ）、ＡＩチップを開発する中科寒武紀科技（カンブリコン）など、半導体分野の企業が圧倒的に目立つ。資本調達で米国に依存せず、成長に必要な資金を半導体などのテクノロジー企業に流し込む狙いが中国政府にはあった。

いまでは中国を代表する製造機器メーカーとなったＡＭＥＣだが、その源流は実は米国にある。

創業者の尹志堯（ジェラルド・イン）は、半導体製造装置の世界最大手である米国のアプライ

ド　マテリアルズ（ＡＭＡＴ）の元エンジニアだ。２００４年に同社の仲間15人と一緒に中国に帰国し、上海でＡＭＥＣを立ち上げた。尹が60歳の時だったという。略称が似ているから、ややこしい。米国がＡＭＡＴ、中国がＡＭＥＣである。

米国での長い経歴に終止符を打って母国に戻ったのは、人材を海外から呼び戻す中国政府の働きかけがあったからだろう。いわゆる「海亀政策」である。

政府の支援と尹の経営手腕で、同社はエッチング装置で中国最大手となり、台湾のＴＳＭＣをはじめ海外にも輸出するグローバル企業に成長した。トランプ政権が２０２０年末に同社を制裁リストに加えたのは、中国の半導体産業の土台となる企業として警戒していたからだ。

躍進の２つの理由

これらの新興の中国メーカーが売り上げを伸ばしている。その背景にある設備投資が伸びている理由は２つある――。

第１は、中国政府のカネだ。２０１４年と19年の２度にわたり設けた国策ファンド「国家集積回路産業投資基金」は、合わせて５兆円を超える資金を半導体産業に流し込んでいる。

第１期ファンドの投資先の65％を占めたのが製造分野だ。これに加えて多くの地方政府が設立したファンドがあり、公的資金による投資は10兆円を超えるとみられる。

中国政府は２０１５年５月に産業政策「中国製造２０２５」を公表したが、重要10分野のトップに挙げたのが、半導体を含む情報通信技術（ＩＣＴ）産業だった。このなかで、半導体の自給率を20年に40％、25年までに70％に引き上げるという大胆な目標を示した。

もちろん現実はそう甘くはない。米調査会社ＩＣインサイツの２０２１年5月の調査によると、20年の自給率は15・9％。同社の予測では、25年までに19・4％までしか伸びない。このままでは目標に遠く及ばない。習政権は威信をかけて支援策を続けるはずだ。

中国製の製造装置が売れるもう一つの理由は、米国の禁輸措置である。米国や日本から調達しにくくなり、国内の製造機器メーカーから買うしかなくなったからだ。

展示会「セミコン・チャイナ」に毎年参加する日本企業のエンジニアによると、米国の制裁が本格化するにつれて、中国の装置メーカーの技術開発のスピードが上がったという。

米国の制裁は、たしかに中国を追い詰める効力があった。だが、皮肉にも制裁によって逆に中国の製造技術が発達した面もある。自給自足に向かう中国の背中を、米国が押したことになる。

国際的な業界団体である国際半導体製造装置材料協会（ＳＥＭＩ）の21年4月のリポートによると、世界での20年の新品の製造装置の販売額は７１２億ドルで、前年から19％増加した。国別の内訳を見ると、中国が39％成長し、台湾を抜いて首位に立った。製造装置を世界で最も多く買っているのが中国だ。

2位が台湾、3位が韓国で、両国とも巨大ファウンドリー企業が国内にあるため機器の需要は大きいが、それでも中国の市場は比較にならないほど大きい。直近では世界の製造機器の需要の実に4分の1を中国が占めるとの調査もある。ちなみに日本は10％、北米は9％にすぎない。

製造機器の市場規模は必ずしも国内での生産力に比例しないが、中古品が多く取引されていることを考えれば、中国の設備投資の大きさと成長スピードは圧倒的だ。

追われる走者の死角

先の日本企業のエンジニアによると、2021年のセミコン・チャイナでは、素材メーカーの出展も目立っていたという。特にチップの土台となるシリコンウエハーと、回路の形成に使う感光剤のフォトレジストの分野で、中国勢の成長が著しい。

ウエハーの生産地は、過去約50年の間に、米国から日本へ、さらに韓国、台湾へと移ってきた。そしていま、中国が浮上しつつある。直径や品質でみると日本製と開きがあるのは事実だが、一度走り出したら止まらないのが中国である。ウエハー工場は既に中国全土の約60カ所で稼働しているという。

中国企業の技術水準が話題になると、「日本とは3～4年の開きがある」と高を括る声を聞く。だが、かつて日本企業が米国の水準に追いつくのに、どれくらい時間がかかっただろう。おそらく同じように3～4年以上の年月を費やしたのではないだろうか。しかも、多くの日本企業は、政府に頼らず自分の力で頑張ってきた。

中国ではどうか。惜しげもなく補助金をばらまく政府の支援をバックに、国産メーカーが採算を度外視して猛進しているとしたら……。

追いかける走者は、前を走る選手の背中が見えている。先行する走者は追われていることに気づかない。

column

5Gと一帯一路

ファーウェイが5G機器で世界のトップに躍り出たのは、同社が不当にダンピング輸出していたからだろうか。

同社は中国に多い国営企業ではない。1982年の設立以来、売上高の10~15%を研究開発に投じてきた。価格と性能の両面で外国のライバル企業に勝るようになり、主力製品である小型の通信基地局でシェアを広げていった。

エリクソン、ノキアの製品と比べて価格は2~3割安いとされ、欧州各国の通信キャリアはファーウェイ製品の導入を進めた。日本のソフトバンクもその一社だ。販売が伸びた第一の理由は、製品力が強かったからだ。

欧州の個人ユーザーが通信キャリアに支払う通信費は、日本に比べて格段に安いとされた。設備の調達コストが低いから通信費を抑えられるという指摘もある。ファーウェイの広報担当者は2019年10月の取材で、「当社の製品を導入したキャリアの通信費は、導入前から25%下がった」と説明している。

この時点では、少なくとも欧州5カ国の通信キャリアがファーウェイ製の基地局を採用し、同社を排除した米国とは異なる路線をとっていた。

1995年に民営化したドイツテレコムは、5G設備だけでなくクラウドサービスでもファーウェイを頼っている。セキュリティーの面で、欧州各国は米国に比べ警戒感が薄かった。

途上国や新興国ではなおさらである。日米欧やオーストラリアの〝西側〟で販売の道が断たれても、東南アジア、中東欧、アフリカなどの市場では、ファーウェイはむしろ売り上げを伸ばしている。

たとえセキュリティー上の懸念があったとしても、豊かではない国々はインフラ整備で経済性を優先せざるを得ない。これらの地域は、習近平政権が進める広域経済圏構想の「一帯一路」に重なる。

ファーウェイと中国政府の関係の実態は外からは見えない。ベンチャーより身を興した沿革や民営企業であることから、政府からの介入は少ないと見る向きもあれば、民営企業であろうとなかろうと中国では政府と企業は一体だと断ずる声もある。国家情報法などの中国の法令を使えば、政府は企業に情報提供を要求できるという見方は、〝西側〟諸国に根強い。

ファーウェイは「求められても政府に情報を出さない」と言うが、中国の法律に従えば、出さないわけにはいかない。つまりこれは嘘だ。

一帯一路の経済圏は途上国・新興国に広がっている。世界は、ファーウェイ製品を「使う国」と「使わない国」に二分されていくように見える。

安価なファーウェイ製品を導入する国々は、それだけ産業の土台のコストが低くなる。一帯一路を通して各国への影響力を強めたい習近平政権の狙いと、ファーウェイの企業利益は同一線上にある。途上国は自覚のないまま、一帯一路の上に乗せられることになる。

3　飢えた狼は生き残るか

多産多死

中国には1000社を超える半導体企業があるとされる。

習近平政権がいくらテコ入れしたとしても、そのすべてが生き残れるはずはない。多くの企業が倒産したり、買収されたりして消えていくはずだ。それを政策の失敗と呼ぶこともできるだろう。だが、習政権はむしろ「生き残らなくていい」と考えているのではないだろうか。

多くが生まれ、多くが死んでいく。たとえ死亡率が高くても、もともとの母数が大きいため、生き残る企業の絶対数は少なくない。しかも、熾烈な競争をくぐって生き残るのは、強い企業だけだ。中国の半導体産業は、企業の目で眺めれば死屍累々の「戦場」といえるが、国家の視点で見れば選りすぐりの企業を育てる「牧場」なのかもしれない。さまざまな保護策によって政府が企業にレント（超過利潤）を与えて育てる。育ったところで刈り取る。

蓋を開けてみると、競争で技術力をつけた企業が満を持して世界リーグに参戦し、ライバル勢の前に立ち現れる――。中国の産業政策の要諦は「多産多死」にある。

企業の競争力を決めるのは、技術力や経営者の手腕だけではない。政府の支援と庇護を得る政治力の差も、勝敗を決める大きな要因となる。経営者が政治を利用して成長する場合もあるが、もちろん、その逆もあるだろう。

企業と政府の依存関係は、中国に限らずどこの国にもある話だが、振れ幅が大きいのが中国だ。半導体産業も例外ではない。

紫光集団の盛衰

2023年3月20日――。中国半導体産業の歴史的な転換点とも呼べる事件が起きた。

中国で汚職を摘発する共産党中央規律検査委員会と国家監察委員会が、半導体大手の紫光集団の元経営トップ、趙偉国を横領などの疑いで送検したと発表したのだ。

同じ日に、最高人民検査院（最高検）も動いた。紫光傘下の企業に投資していた国策ファンド「国家集成電路産業投資基金」の運営会社の総裁だった路軍を、収賄、横領の疑いで起訴したと発表した。

紫光集団は中国の半導体産業を代表する象徴的な大企業。趙は紫光の総帥。その紫光を支える国策ファンドを指揮するのが路……。紫光に関係する一連の人脈が一掃された日だった。

さかのぼること2年半――。紫光は2020年12月10日に、社債の利息を期日通りに払えないと発表していた。18年12月7日に発行され、発行規模50億元（約890億円）と同社の最大級の社債だった。

子会社の紫光国際が海外で発行したドル建て債4億5000万ドル（約675億円）の社債についても、デフォルトしたことを明らかにした。これより約1カ月前の11月16日には、償還期限の延長を債権者に断られ、元本13億元（約220億円）と金利の債務不履行が確定している。

紫光集団は、習近平政権が掲げる自給自足のカギを握る企業だったはずである。その紫光が借金を返せず、経営破綻に陥ったのはなぜなのか。その背景を探ると、習政権が半導体産業を意のままに操るからくりが見えてくる。


紫光集団の本体は持ち株会社で、傘下に多くの子会社を擁して複合的な企業体を形成していた。中国最大手のメモリー会社、長江存儲科技（YMTC）は代表格である。

このほか設計の紫光国芯微電子、紫光展鋭（UNISOC）など、多くの有力企業を傘下に抱え、中国全土に散在する生産拠点が半導体産業の屋台骨を形づくっている。

それぞれの子会社に政府系ファンド、政府系銀行が絡み、官民を交えた出資関係は複雑を極める。誰が誰に出資しているのか、外部から見ても分からない統治の構造が築かれている。

そもそも紫光集団は合併、買収を繰り返して伸びた企業だ。工学系で最高峰の北京の清華大学からスピンオフしたベンチャー企業として、1993年に設立された。

実は半導体企業としての歴史は浅く、この分野に参入したのは、2013年に中国第2位のファブレス企業だった展訊通信（スプレッドトラム・コミュニケーションズ）を買収してからだ。

その後は破竹の勢いで成長した。2015年頃から米国のマイクロン・テクノロジー、ウエスタンデジタル、韓国のSKハイニックス、台湾の聯発科技（メディアテック）など、名だたる外国の大企業に次々と買収・出資の攻勢をかけ、世界の半導体産業を震撼させる存在となった。紫光集団の絶頂期。いま思えば、暴挙とも呼ぶべき異様な拡大路線である。

趙偉国というヒーロー

ここで、紫光集団を率いた董事長の趙偉国という人物に注目しなければならない。趙は、その貪欲な経営スタイルから「飢えた虎」と評されていた。中国半導体産業を語るうえで、最重要のキーパーソンであり、中国半導体産業のヒーローでもあった。

紫光集団の趙偉国元董事長（提供：ロイター／共同）

「中国の半導体が（世界に）追いつくのは時間の問題だ」

趙は２０１７年４月の日本経済新聞のインタビューで、荒々しい闘争心を見せている。テレビ用パネルで日韓と肩を並べる技術力がついたことに触れ、「半導体も同じ道筋をたどるだろう」と意気軒昂だった。

出生地は新疆ウイグル自治区。北京から見れば辺境といっていい。前年に始まった文化大革命で新疆に送り込まれた両親の下で、１９６７年に趙は生まれた。幼少期には家畜に餌をやり、羊を追う生活だったという。強烈な上昇志向と鼻っ柱の強さは、その生い立ちと無縁ではない。

中国最高峰の清華大で電子工学を学んだ後、投資会社を立ち上げ、不動産投資で巨利を得た。このカネで紫光集団に出資し、２００９年に自ら董事長に就いた。

趙の経営者としての経歴を見ると、清華大の人脈が節目節目で活きていることが分かる。そもそも清華大の後押しがなければ、大学の傘下にある企業のトップの座に就けるはずはない。

本人は否定しているが、前国家主席、胡錦濤の息子である胡海峰との親交が深いとささやかれている。胡海峰も清華大で経営学を学び、紫光集団の前身の企業で要職に就いていた。

中国で取材していると、清華大コミュニティの強さを感じることが、しばしばある。たとえば深圳に拠点を置く自動運転のスタートアップ創業者が、こう自慢げに語っていた。

「僕が北京に行って清華大の同窓生を回れば、1億元（約17億円）くらいの投資資金は簡単に集まるんですよ。企画書がなくても口で説明するだけで即断即決です。日本のベンチャー企業には、僕らのような資金調達の真似はできないでしょう？」

中国の旺盛なベンチャー投資の舞台裏を見た気がした。この創業者ももともとは情報工学のエンジニアで、ビジネスの舞台として深圳を選んだが、母校がある北京に足しげく通っていた。中国は極端なコネ社会なのだ。

半導体に参入してからの紫光集団は、中国の国家戦略とリンクして動いている。政府が２０１４年に設立した国策ファンドは、当然のように紫光集団の傘下企業を投資対象にした。国内の半導体メーカーを次々と買収し、外国企業にまで手を伸ばすことができたのは、銀行やファンドが惜しみなく資金を融通したからだ。

もちろん中国の金融機関の多くは国営である。獰猛ともいえる紫光集団のM＆A戦略は、政府の後ろ盾があってこそだ。先述のインタビューで趙が見せた自信は、政府との蜜月関係の表れなのだ。

失速の背景

その後、紫光集団が資金繰りに苦しみ、デフォルトを乱発し始めたのは、なぜか——。

無謀な投資のツケともいえるが、それ以上に銀行が資金の供給を一気に絞ったからだと考えられる。過去数年間のどこかのタイミングで、習政権が方針を転換し、自分の力を過信して独走していた趙偉国を見限ったとみることができる。

習近平が中国共産党内で権力を掌握したのは、２０１７年10月の党大会だとされる。この時、共産党は「習氏思想」を党規約に盛り込み、毛沢東以来の権威として習主席の地位を確立した。慣例の後継者指名もせず、それ以降、習の独裁色が強まっていく。

紫光に対する政府の姿勢が変化したのは、この時期からだ。

習近平は胡錦濤の一家とつながる趙偉国の梯子を外したのかもしれない。習は党幹部の子弟である太子党の代表格とされ、共産主義青年団（共青団）に影響力がある胡錦濤とは微妙な関係にあるといわれている。

中国共産党内の政治力学を単純化して理解すべきではないが、習の権力基盤が強くなるにつれて、政府と紫光集団の距離が開いていったのは事実だ。

ダルマ落とし

親会社の苦境をよそに、メモリー最大手の長江存儲科技（ＹＭＴＣ）など紫光集団の傘下にいたメーカーは変わらず操業を続け、むしろ興隆を極めている。一見、不思議な光景だが、その理由はグループ内の企業統治にありそうだ。

たとえばＹＭＴＣの場合はこうだ——。同社が紫光集団の傘下にあるとはいっても、本体の紫光集団が出資する子会社のそのまた子会社の……という風に6～7社の関連会社が間に挟まっている。その各階層で政府系ファンドや国有企業の資本が入り、ＹＭＴＣにたどり着くまでに紫光集団の資本はかなり薄まっているとみられる。このため紫光の実質的な支配力は限定的なのかもしれない。

グループの頂点に位置する紫光集団が破綻しても、実際に半導体を生産する傘下の企業が消えてなくなるわけではない。紫光集団の代わりに誰がグループの頂点に立つかの違いだけだ。そう考えると、親会社の紫光集団を経由せず、子会社に直接出資する国営企業が多い意味が見えてくる。

政府が紫光集団への支援をやめれば、資金繰りに窮した趙偉国は責任をとって退任に追い込まれる。だが、製造を担う数々の子会社は残る。中国政府は、これらの子会社に直接カネを出す国営企業や政府系銀行を通し、半導体産業のかたまりを支配下に置くことができる。趙が築いた紫光集団は「ダルマ落とし」のように崩されていく。そんな悪魔的なシナリオがあったのではないか。

共産党の中央規制委などによれば、起訴された趙は規則違反で親戚や友人に情報を提供したほか、企業の利益を損なう行為を取締役に指示した。その結果、国家に重大な損失を与えたという。

趙偉国は生き残れなかった。のたうち回る「飢えた狼」の姿は、変容する中国の半導体産業そのものに重なる。

変わらないのは、強い半導体産業を国内に築くという習近平政権の意思だ。紫光集団が解体しようとも、習近平にとっては半導体産業を育てるプロセスの一部にすぎないのかもしれない。

習政権は半導体産業が遅れた原因を、業界内にはびこる汚職体質のせいにしたのだろう。当局は22年に国策ファンドの経営トップを相次いで摘発し、起訴に至るまで趙や路は厳しい調査を受けていた。

4　紅色供応鏈

仮面の下の真の顔

シンガポールで、6割以上の人々が中国の習近平政権を支持している——。2021年6月に公表された国際世論調査で、意外な結果が出た。シンガポールは日米欧など、いわゆる現代の〝西側〟の仲間と思われがちだが、米バイデン政権より習近平政権に親近感を抱いていることが分かったのだ。多くの日本人は驚くのではないだろうか。

同国で中国を「非常に好ましい」「やや好ましい」と答えた回答者は64％を占め、米国の51％を大きく上回った（複数回答）。シンガポール人の「親中」の程度は、調査の対象とした世界17カ国のなかでも、圧倒的に高い。ちなみに日本では、米国を「好ましい」と感じる回答が71%、中国に対しては10%にとどまっている。

「経済的な絆を結ぶとしたら米国と中国のどちらの国が重要」か、という質問もある。シンガポール人の49%が中国だと答え、米国だとする回答は33%だった。日本では米国が81%、中国は15%だ。

国際問題に対する取り組みで、バイデン政権と習政権のどちらを信頼するかという問いに対しては、「バイデン政権」とする答えと「習政権」とする答えはほぼ同数である。調査対象の他のほとんどの国では、8対2や7対3でバイデン政権を信頼する人が多いが、シンガポール人の習近平政権への傾斜は突出している。

これが仮面の下のシンガポール人の真の顔である。政府が〝西側〟の一員として振る舞い、親しげに米国に近づいていても、実際の国民の心情はまるで違う。シンガポールが親米、親日の国だと頭から思い込むと、アジアの地政学の底流を見誤る。

シンガポールは人口約570万人の都市国家だ。外国人居住者が多く、このうちシンガポール国民は約350万人にすぎない。シンガポール国民の数で見れば横浜市より小さい国である。しかし、一人あたりの名目GDPは6万ドルに迫り、約4万ドルの日本よりはるかに豊かだ。

その経済的な繁栄は、労せず手に入れたものではない。米国、中国、日本などの大国の間を巧みに泳ぎ、独立国として中立を維持しながら、グローバリゼーションの恩恵を享受する外交努力の賜物だ。大国とつかず離れずの微妙な距離感でつきあう知恵は、建国の父、リー・クアンユーから歴代の政治指導者に受け継がれている。

そのシンガポールがいま、大きく親中に傾こうとしているという事実は無視できない。

赤いサプライチェーン

先の世論調査を実施した米ワシントンのシンクタンク、ピュー・リサーチ・センター（Pew Research Center）のローラ・シルバー上席研究員は、親中感情の要因について「シンガポール国民の72％を中華系が占める」と指摘している。同じ民族同士の親近感が働いているという見方だ。

ただ、面白いことに、中華系のシンガポール人に自分のアイデンティティについて聞くと、「自分はシンガポール人であり、中国人ではない」と自己認識している人が多く、中国人と呼ばれることを嫌う。シンガポールに駐在していた時に感じたことだが、根っこにあるのは、似ているからこそ「似ている」と言われるのを嫌う心の動きなのかもしれない。

シンガポール人は福建人、広東人、潮州人、客家を祖先に持つ家系が多い。同じ民族である以上、一皮むけば中国との親和性が高いのは事実だ。得をする相手とつきあう現実主義の国であることを考えれば、中国から得られる経済的な恩恵が大きくなるほど、中国との心理的な距離は縮むだろう。何かの拍子に仮面を外す場面があるかもしれない。

東南アジアに住む華人の会話で、「紅色供応鏈」という言葉がのぼることがある。「紅いサプライチェーン」という意味で、中国企業につながる貿易の流れを指す。

自分たちが営むビジネスが中国とのサプライチェーンに乗るかどうかという話題のなかで、2015年頃からよく耳にするようになった。中国と地理的に近い台湾では、「紅色供応鏈にからめとられる」という文脈で、反中国の立場をとるメディアが好んで使った。

「一帯一路」のもう一つの狙い

習近平政権はこの頃、中国が主導して新興国・途上国のインフラを整備する「一帯一路」構想を打ち出していた。当初は道路、港湾、鉄道などを中国が支援して開発する構想と受け止められていたが、次第に習政権の狙いはインフラだけでなく、グローバル・サプライチェーンの支配力を強める色彩が濃くなっていった。「紅色供応鏈」の強化だ。

「一帯一路」は、必ずしも具体的なプロジェクトで構成された政策ではない。中国とサプライチェーンをつなぎ、中国の経済成長に役に立つというコンセプトに沿いさえすれば、誰でも「一帯一路」の看板を掲げることができると考えてよい。あらかじめ投資金額や期限がしっかりと決まった計画の集大成というわけではない。

中国の国内であろうと国外であろうと、あらゆるプロジェクトを放り込める「箱」のような概念と考えた方がいいだろう。構想というより、中国共産党がよく掲げる標語、あるいはスローガンと理解する方が正確かもしれない。

２０１７年から18年にかけて広東省の深圳や、浙江省の杭州、貴州の貴陽などを訪れた際に、町のあちこちに「一帯一路」の看板を掲げた事務所や展示場があることに驚いた経験がある。

中央政府の指示が徹底しているのかと思ったが、現地に住む中国人の友人に聞くと逆だった。地方自治体や団体が「一帯一路」を掲げると中央の助成金をもらいやすくなるので、競うようにして自主的に看板を設置しているのだという。

冗談を交えた会話ではあったが、巨大な国でプロジェクトを動かす中国の政策の手法を垣間見た気がした。

一帯一路は、インフラ整備というよりは広域経済圏の構想である。国内の地域をまたぐ商取引や、地域の経済発展に資する研究開発など、さまざまな営みを一帯一路の枠組みにはめ込むことができる。

2019年にフィリピンの商工会議所に招かれて、マニラで開いた年次総会で講演をしたことがある。与えられたテーマは「一帯一路」だった。日本のジャーナリストの視点で構想の意味を語ってほしいという依頼だった。

中国から何人もの来賓が招かれていた。フィリピンの財界は中国からの投資に期待し、「一帯一路」に熱い視線を注いでいた。その財界を実質的に支配しているのは、福建人をルーツに持つフィリピン人華僑である。

華僑のネットワークは東南アジア全域に広がり、陰に陽にこの地域の経済を動かしている。習近平政権の政治的な思惑がどうあろうと、ひとたび経済的な利得があると見てとれば、その方向にひた走る。

フィリピン財界の面々が、中国の外交官や銀行家とテーブルを囲み、英語ではなくマンダリン（標準中国語）を共通語に談笑する姿に、東南アジア経済のタネ明かしを見た気がした。

デジタル覇権の舞台——海底ケーブルの束

「紅色供応鏈」とシンガポールに戻り、もう少し考えてみよう。

マレー半島の先端にあり、マラッカ海峡の東の入り口を望むシンガポールは、15世紀半ばに始まる大航海時代から地政学的に重要な拠点だった。アジアの覇権を目指す英国とオランダは、この地域の制海権を握るために、マレー半島とスマトラ島で勢力を競った。

アジアの歴史を変えたのが、英国の東インド会社の一社員、トーマス・スタンフォード・ラッフルズである。ラッフルズは現在のシンガポールに到達し、領有していたジョホール王国の国王（スルタン）から1819年にカネで買い取った。東インド会社が華僑ネットワークと手を組み、互いに利用し合う形で、欧州とアジアの貿易中継地としたのが、この国の始まりだ。

戦略的な拠点としての価値は、いまでは海運にとどまらない。アジアの海底ケーブルの敷設状況を示す地図を見てほしい（図表4－1）。

南シナ海からインド洋に至る大量のケーブルが、シンガポールに集められマラッカ海峡に敷設されていることが分かる。

現在の海底ケーブルは、15世紀からのシーレーンとピタリと重なっている。世界のデータの流れは、90%が国境を越えた海底ケーブルを通る。人工衛星の回線は、距離が長く信号の伝送が遅いため、現在はほとんど使われていない。世界を結ぶインターネットの正体は海底ケーブルだ。

シンガポールは、その海底ケーブルを束ねる位置にある。地理的な空間だけでなくインターネットの仮想空間でもアジアで最重要の要衝であり、米中などの大国から見れば、シンガポールに影響力を

図表4-1　シンガポールに集まる海底ケーブル

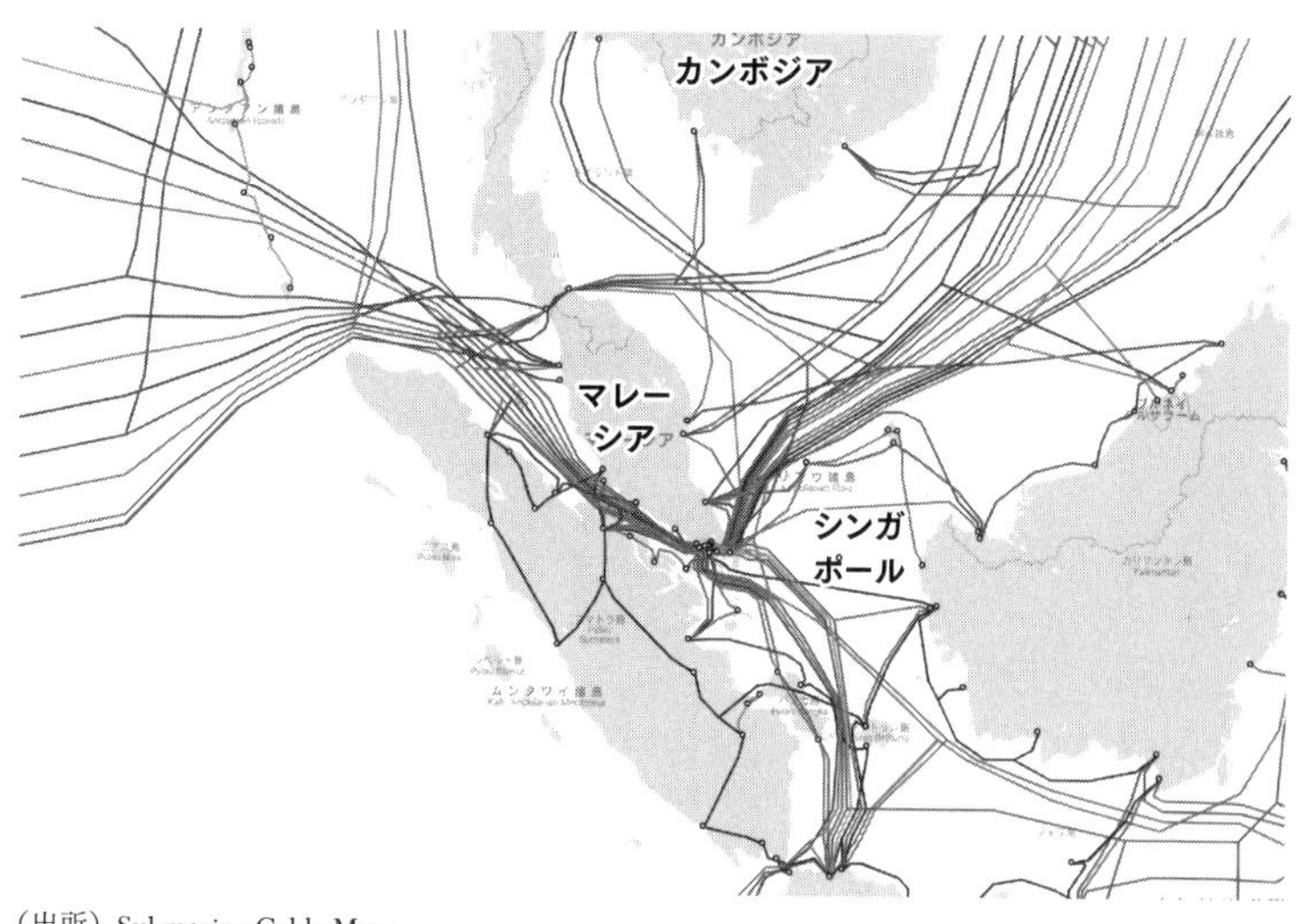

（出所）Submarine Cable Map

行使することがデジタル覇権に直結する、ということが読み取れるだろう。

「一帯一路」で運ばれるのは、モノとは限らない。中国では2018年頃から海と陸に加えて「デジタル・シルクロード」が語られるようになった。先述の「紅色供応鏈」を、電子機器や半導体などの物品と、目に見えないデータの両面で築く概念である。

モノを運ぶのが船や飛行機なら、データを運ぶのは海底ケーブルだ。デジタル・シルクロードとは、究極的には、海底ケーブルで世界各地と中国を結び、データを中国のプラットフォーマーに集める通信ネットワークを意味すると考えていい。

グーグル、マイクロソフトなどの米国のGAFAMや中国のプラットフォーマーが、シンガポールに集中してデータセンターを置いているのは、このためである。目には見えないデータの流れを受け止めるハードが、データセンターだからだ。

データセンターには、大量の半導体の需要がある。半導体の市場として急拡大しているのが、データセンター向けのCPU、メモリー、AI用アクセラレーターなどのチップだ。

マイクロンやグローバルファウンドリーズ（GF）など数々の米国の半導体メーカーが、アジア地域での生産拠点をシンガポールに置く。GFに至っては生産能力を4割強増やすために、23年に40億ドルもの資金を投下した。

その舞台裏で、シンガポール政府が、米欧の有力企業の誘致を盛んに進めている。半導体が戦略物資であることに、いち早く気づいたからだ。

貿易と金融で栄えたシンガポールだが、デジタルでも覇権競争の舞台となっている。この小さな島国は、台湾に続くシリコン・アイランドに変貌するのかもしれない。シンガポールの素顔については、後の章でもう少し詳しく紹介することにしよう。

空中戦が始まった

シンガポールは米国と軍事的に密接に協力し合い、国内に事実上の米軍基地もあるが、両国は正式な同盟関係を結んでいない。日米間の日米安全保障条約や米国とオーストラリア、ニュージーランドを結ぶアンザス条約のようにしっかりとした軍事協定はない。

その時々の国際情勢を見ながら、米中欧など大国の狭間でバランスをとって生きるのが、この国の真の姿だ。そのシンガポールが、もし仮面を外し、デジタルの「紅色供応鏈」に組み込まれていくとしたら何が起きるか……。

「私たちはサプライチェーンを多くの東南アジアと共有しています。東南アジアは米国の第4位の輸出市場であり、活気に満ちたダイナミックな市場であり、まもなく世界最大の市場の一つに数えられるようになるでしょう」

２０２１年８月24日――。シンガポールを訪問した米副大統領カマラ・ハリスは、スピーチでシンガポール人を鼓舞するように語った。

「何百万人もの人々の生活が、この海域のシーレーンを毎日行き交う何十億ドルもの貿易で成り立っています。しかし、北京は南シナ海で脅迫を続け、大部分の領有権を主張しています」

シンガポールの経済界が、風向きによって米国と中国の間で揺れ動くことを、米政府はよく理解している。そして恐れてもいる。ハリスのスピーチには、「紅色供応鏈」に距離を置くよう、シンガポールを牽制するメッセージが込められている。

その3週間後の9月13日――。ハリスと入れ替わりで中国外相の王毅がシンガポールを訪問した。首相のリー・シェンロンは王を歓待し、「一帯一路」での協調を約束した。

シンガポールを舞台にした米中の空中戦は、もう始まっている。

5　100倍速の深圳スピード

たとえばタクシーに乗ったときに、支払いはどのようにしているだろうか。10人ほどの友人、知人に聞いたところ、最も多かったのが「PASMO」「Suica」などの交通系ICカードによる決済だった。2番目がクレジットカードだ。

クレジットカードを使う場合、運転手にカードを手渡すと、運転手がおもむろに読み取り機を取り出してスライドする。電子機器に慣れないベテラン運転手のなかには、何度やってもうまくいかない人もいる。

その次に運転手が半身をよじって客に装置を手渡す。客が暗証番号を指で入力する。「通信中」の表示が出る。さらに、しばらく待つと決済ができたと通知される。ジコジコと領収書、次にクレジットカードの控えが印刷される。

読み取り機がなくて手書きでサインしなければならないこともある。手渡されたプラスチックボードを台にして用紙に書き込んでいるうちに、下手をすれば1分や2分がたってしまう。クラクションを浴びせられやしないかと、後ろが気になって仕方ない――。

少なくともこの本の初版を書いた2021年秋まで、日本ではこれが当たり前の手順だった。

対照的に、中国社会のデジタル化は日本の2~3年先をいっている。スマホ決済が普及し、都市部ではクレジットカードですら時代遅れとなっている。個人IDや診察券もスマホで事足りるので、財布を持ち歩かない人が増えてきた。「現金お断り」の店が、いまでは当たり前だ。

進化し続けるデジタルの聖地

中国のなかでも最先端をいくデジタル都市が、広東省の深圳である。

香港から高速鉄道で20分弱の距離にある深圳は、もともと人口3万ほどの漁村だった。1980年に鄧小平が経済特区に指定してから急成長し、2020年には人口1400万人を超える大都市となった。平均年齢が30歳前後という若い町だ。

ファーウェイ、ZTE、テンセントのほか、ドローン世界最大手の大疆創新科技（DJI）、EV最大手の比亜迪（BYD）など、中国を代表するデジタル企業がこの都市に集中し、発明家や起業家が1000人以上住むといわれる。米国シリコンバレーから進出したベンチャーキャピタルも多い。

コロナ禍が広がる前、2017年から19年にかけて、取材で5回ほど深圳を訪れたことがある。驚かされたのは、変化が速く、半年もたつと景観が変わっていることだ。道路は混雑はするが、ほとんどがEVであるため騒音は皆無に等しい。車より人々のおしゃべりの方がうるさいほどだ。

深圳のデジタル産業の活力は、コロナ禍でさらに高まったようにみえる。非接触の体温検知器、入管管理の画像認識システム、遠隔医療、搬送ロボットなど、いわゆるコロナテックへの社会要請が高まったからだ。日本にあふれるコロナ対策の機器のほとんどが深圳製だとみて、まず間違いはない。

高層ビルが立ち並ぶ深圳中心部（提供：DPA／共同通信イメージズ）

活力の源泉――華強北

なぜ深圳はデジタルの聖地となったのか――。

その一つの理由が、町の中心部にある電子部品街、華強北（ファーチャンペイ）の存在だ。華強北の規模は、東京の秋葉原の30倍とも50倍ともいわれる。2〜3畳ほどの店舗がひしめくビルがいくつもあり、あらゆる電子部品がここで手に入る。

こんな情報端末がつくれるのではないか、あんなロボットがあれば面白い――。電子部品の山のなかを歩き回ると、発明のアイデアが湧いてくる。デジタルで一旗あげようというスタートアップにとり、華強北は活力の源泉だ。

半導体を扱う狭い部品商を訪ねてみた。ガラスのショーケースで囲った内側で、若い店主が一人で次々と訪れる客の相手をしている。漢民族とは異なる風貌から見て、おそらく中央アジアに近い西域の出身だ。

「こんなタブレット端末をつくりたいのだが、新しいチップはない？」と、オタク風の若者が手書きの回路図を見せて尋ねる。「いまなら、このクアルコムのスナップドラゴンがお勧めだよ。無線機能が最強なんだ。えーと、たしか在庫が少し残ってる……」

モノを売るというよりは、相談相手になっているように見えた。築地や豊洲の市場で魚を売る仲買商の姿が、頭に浮かぶ。馴染みの寿司職人が「一番魚を触っている仲買人が一番魚に詳しい」と言っていた。なるほど、たしかに製品サイクルが短く、価格の変動が激しい半導体チップにも「旬」がある。

領収書も包装もない取引は、1分ほどで終わっていた。会話はマンダリンと英語が多い。深圳は広東省の都市だが、共通語は広東語ではなくマンダリンだ。中国全土からこの町に人が集まっていることが分かる。

深圳では試作品（プロトタイプ）をつくる時間と労力が少ないため、浮かんだアイデアがすぐに形になる。企業の取引も速く、深圳での1週間はシリコンバレーの1カ月に相当するといわれる。日本と比べると100倍は速いと言う日本人エンジニアもいた。中国デジタル企業のイノベーション力の背景にあるのは、この猛烈な「深圳スピード」の時間感覚だ。

職人というより商人の感覚

補助金による需要の底上げや、製品の品質にむらがあるという指摘は、その通りだろう。深圳でEVが普及したのは、1台につき約100万円の補助金が支給された効果が大きい。メーカーの品質管理は日本企業と大きな開きがある。買った商品が「ハズレ」で、すぐに壊れることもある。だが、技術は逆方向には進まない。ひとたびイノベーションが起これば、企業はさらにその先をいこうと競い合う。中国のキャッチアップ力があなどれないのは、半導体の分野も同じだ。

深圳のデジタル企業が日米欧と最も違う点は、製品、サービスを市場に投入するタイミングだ。開発過程でぎりぎりまで完成度を極め、満を持して発売するのではなく、いわば生煮えの状態で消費者の前に放り投げる。そのうえで、不満や要望の声を拾いながら、事後的に「深圳スピード」で改良を加えていく。イノベーションは研究所や工場ではなく、消費市場のなかで起こる。

失敗すれば企業は迷うことなく撤退し、さっさと次のビジネスに移っていく。サービス終了で消費者が苦情を申し立てても、多くの企業はそ知らぬ顔だ。職人というより商人の感覚なのかもしれない。

巨大エコシステムを守る

2021年3月17日——。中国最大の国策ファウンドリーのSMICは、深圳で23億5000万ドル（約3525億円）を投じて新工場を建設すると発表した。米国の制裁を受けて、半導体の国産化を急ぐ中国政府の政策に沿った動きである。

23年には12月期の設備投資額を2割も上方修正し、円換算で約1兆2000億円にのぼる。計画では25年の生産能力が21年時点の2倍になる。

深圳で生産するのは、最先端ではない線幅28ナノのチップだという。このレベルならば、米政府による禁輸措置に抵触せず、米国からも製造機器を調達できる。スタートアップや家電メーカーの試作品なら、10ナノ以下の最先端のチップは必要ない。

なぜいまなのか——。

世界的な半導体不足による価格の高騰は、華強北にも及んでいる。スタートアップに人気が高い機器制御用のマイコンは、入荷まで1年以上待たされる場合もあるという。「深圳スピード」が衰えれば、中国企業のイノベーション力にも広く影響が出るだろう。

中国政府としては、チップを絶えることなく深圳に流し込み、巨大なエコシステムを崩壊から守る必要があった。鄧小平が国家百年の計で築いた深圳の灯を、消すわけにはいかない。

気になるのは、ＳＭＩＣの投資計画を見て、深圳への投資意欲を高めた日本のメーカーが少なくないことだ。ファウンドリーが動けばサプライヤーも動く。気がついたら深圳が日本企業だらけになっているかもしれない。半導体をめぐる米中の攻防は、５ＧやＡＩに必要な高度なチップで目立つが、その戦いは半導体産業のごく一部の領域にすぎない。

最先端の技術力だけを比べて優劣を論じると、本質を見誤るのではないだろうか。国産化を急ぐ中国政府の一連の政策を見ると、最先端の技術の追求よりも、供給の絶対量を増やすことを優先しているように感じる。

裾野を広げれば、いずれ頂上も自ずと高くなると考えているのだろう。

column

7月33日に決着した日米半導体交渉

1986年に締結した日米半導体協定には、両政府の関係者しか知らない秘密の合意事項がついていた。非公開のサイドレター(付属文書)に、日本市場での外国製半導体のシェアを5年以内に20%以上に引き上げるという米業界の「期待」が記され、日本政府がこれを「認識」すると書かれている。

こうした奇妙な文書がつくられ、しかも日本の国会にも存在が隠されたのは、日本政府が同盟国である米国との関係を大局的に見て、合意を優先した結果だ。日本の首相は中曽根康弘、米国の大統領はロナルド・レーガンだった。互いに「ロン」「ヤス」と呼び合ったとされる両首脳の親密な関係があり、日本側には「合意しない」という選択肢はなかった。

サイドレターの細かい文言はともかく、その後、米政府は「20%」を約束と見なし、日本政府は約束でないと主張した。言った言わないの喧嘩となり、米政府は約束を破ったと見なして日本への経済制裁に進んだ。日本にとって痛恨の歴史である。

当時、米国の半導体産業は衰退の道を歩んでいたが、米政府は腕力で日本をねじ伏せて、これを立て直そうとした。その必死さの理由は、業界や雇用を守ることだけではない。日本からは見えにくいが、国家安全保障の観点から譲れない一線があった。

1980年代に経済外交の前線にいた日本政府のOBから、こんな体験談を聞いたことがある——。

ワシントンの国防総省(ペンタゴン)を訪問し

た際に、半導体をめぐる議論になった。日本製品は汎用品であり、軍事目的では開発していないと説明すると、相手方は血相を変えて怒り始めた。立ち上がり、半導体チップのケースをつかんで戻ると、指で叩くようにして「これがどれほど大事なモノか、あなたたちは分かっているのか」と声を荒らげたという。

半導体のコントロールを失うことは、米国にとり軍事的に重大な問題だった。その半導体産業を同盟国の日本が滅ぼそうとしている——。国防の当事者から見れば許しがたい状況だったのだろう。

これを日本側から経済の視点で見ると、「品質と価格で勝る日本製品が市場シェアを伸ばすのは当然であり、米国の管理貿易は許せない」となる。いまから思えば、半導体協定は出発の時点から日米の尺度がずれていたのかもしれない。

半導体協定が期限切れとなる1996年7月のバンクーバーでの交渉が忘れられない。米国の大統領はビル・クリントン、日本の首相は橋本龍太郎。米国側は協定の継続を要求し、日本側はもうこれで終わりにしようと主張した。日本側にしてみれば、不平等な協定を米国に押しつけられるのは金輪際ご免だという気持ちだった。

7月末日を交渉期限とすることで両首脳が合意していたため、米通商代表部（USTR）と日本の通商産業省は連日徹夜で交渉を続けた。

期限までに合意できず、双方とも断念しかかったとき、「時計を止める」という妙案を思いついた知恵者がいた。タイムリミットの午前零時を越えてしまうが、それ以降は時間の経過がなかったことにしようという提案だった。

協定を延長しないことで決着したのは、本当の期限から2日後の8月2日の早朝。つまり7月33日だった。

時計を止めてまで協定延長を主張していたにもかかわらず、米国側の態度が一転して軟化した場面があった。決裂はやむなし、制裁は回避できず——と最悪のシナリオも頭のなかで描いていたが、USTRがあっさりと旗を下ろしたように見えた。

その前日、交渉会場からホテルまでUSTRの

プレゼントした竹刀をカンターに持たせ喉元に突き立ててみせた橋本龍太郎
（提供：ロイター／共同）

交渉責任者の一人と歩きながら話したことを覚えている。交渉がこれほど膠着しているのに妥結は可能なのかどうかを尋ねると、可能だという答えが返ってきた。そして「ホワイトハウスから電話があったから……」と付け足した。

おそらく、クリントンの「撃ち方やめ」の指示が伝えられたのだろう。米国はもう守るべきものは守ったという判断が下ったに違いない。半導体メモリーの分野は日本、次いで韓国に譲ったが、米企業はCPUなどロジックの分野で圧倒的な技術力をつけ、米国の半導体産業は復活していたからだ。

この時期に電話会議で開いたUSTR記者会見で、あるハプニングが起こった。オペレーターの手違いで、USTR代表のミッキー・カンターの執務室の音声が参加者の全員に流れてしまったのだ。ほんの数十秒だったが、カンターが怒鳴り散らしているのが聞こえた。

「このペーパーは何だ！　なんでペンタゴンがいまこんなことを言うんだ！　ペンタゴンともう一度話してこい」

報道官が慌てて回線を切ったが、USTRと国防総省の間に何らかの意見の相違があることだけは分かった。交渉の前線で実際に姿を見せて戦うのはUSTRだが、その裏側で国防総省を含めた国家中枢の意思が働いている……。

橋本龍太郎が首相に就任する前年の1995年、通産相だった橋本とカンターは、難航を極めていた自動車交渉をジュネーブで決着させた。橋本が竹刀をカンターに持たせ、自分の喉元に突き立ててみせた場面はよく知られている。

日米は自動車でも激しく火花を散らしたが、自動車の摩擦は産業と貿易の経済問題だった。両国の企業、政府、労組など主なプレーヤーが織りなす交渉の構図は、経済記者として、整理して理解することができた。だが、半導体交渉は、最後まで見えない部分が多かった。

半導体をめぐる現在の米中対立を見ても、米国が一貫して安全保障の視点で半導体をとらえていることが分かる。

V

デジタル三国志が始まる

製造中のASMLの極端紫外線（EUV）露光装置（提供：ASML）

1　沿海から内陸へ

キープレーヤーたちの地理関係

頭のなかに世界地図を描き、デジタル産業のキープレーヤーを配置してみる。

まず米国では、西海岸カリフォルニア州のシリコンバレーに、グーグル、アップル、フェイスブック、インテルなどが本社を構え、半導体のファブレス企業も集中している。アマゾンとマイクロソフトは、同じ西海岸の北部にあるワシントン州に本社がある。

中国では、ファーウェイ、テンセントなどのデジタル企業が、広東省の深圳に集まっている。ここから海岸線を少し北上すると、浙江省の杭州に阿里巴巴集団（アリババ）の本社がある。半導体に関係する中国企業の多くは、広東省、福建省、浙江省などの南東部に拠点を置く。

台湾には、ＴＳＭＣをはじめとするファウンドリー群が工場を構え、後工程メーカーや製造機器、素材メーカーが西部の新竹に集積している。

韓国には、インテルに次いで世界第2位の半導体メーカーであるサムスン電子、第3位のＳＫハイニックスがある。日本は１９８０～90年代の勢いはないとはいえ、メモリーの生産では重要な地位を占める。元はエルピーダだったマイクロンの工場が広島にあり、四日市と北上にはキオクシアの工場がある。

これらを線で結ぶと、貿易品目としての半導体のサプライチェーンの大枠が浮かび上がる。いずれの拠点も太平洋を囲む沿岸部にあり、環太平洋地域が世界の半導体産業の舞台だ。

半導体の地政学

生産拠点を置く場所として、沿岸部の長所と短所は何だろう。たしかに貿易には都合がいいが、地政学的には海洋から侵攻されやすいというリスクがある。半導体をめぐる米中の対立を考えると、いまは海に面した拠点が多いことが緊張を高める方向に働いている。

とりわけ中国と台湾が近接する台湾海峡の周辺は、いま世界で最も熱い水域だ。ウクライナに続きイスラエルのガザ地区でも激しい武力衝突が起きた。戦争の閾値(しきい)が下っている。さらに台湾海峡の情勢が不安定になると、世界の平和は崩れ去る。

伝統的な地政学は、国際政治を決定づける要因として海洋や地形に注目する研究である。黒海の覇権をめぐり帝政ロシアとオスマン帝国が争った19世紀のクリミア戦争、シルクロードが枝分かれする山岳地アフガニスタンの大国間の争奪戦……。地理的な条件が国家の戦略を左右し、経済摩擦や軍事紛争に発展した歴史の事例は、枚挙にいとまがない。

空から守る

いま、世界で建設中の工場はどうか。米国が誘致したＴＳＭＣは、西海岸から内陸に深く入ったアリゾナにある。海から攻めても到達できる場所ではない。

隣接したカリフォルニア州の東部には、米軍で最大のエドワーズ空軍基地がある。モハベ砂漠のど真ん中、干上がった湖に18本もの滑走路が敷かれている。滑走路を全部合わせると1万キロメートル以上となる超巨大な基地だ。

アリゾナ州には3つの空軍基地があり、このうちツーソンのデビスモンサン基地には、5000機の航空機がある。こちらは退役した機体を置く「飛行機の墓場」と知られるが、もちろん実戦部隊も配備されている。

サムスン電子が拠点を構えるテキサス州は基地だらけだ。空軍基地は大小合わせると7カ所。それに加えて、民間航空会社のハブであるダラス・フォートワース国際空港は世界3位の面積を誇り、マンハッタン島より大きい。

日本の半導体産業の復興をかけて発足したラピダスは、工場用地に北海道の千歳を選んだ。航空自衛隊の千歳基地がすぐ隣にある。自衛隊と民間の滑走路が並んでいる珍しい「共用空港」だ。

青森県の三沢基地が米空軍の管理下にあり、戦闘機はほんの数分でここに飛んでこられる。ラピダスがなぜ千歳を選んだか、その理由ははっきり公表はされていない。土地の広さ、水の豊富さなどの好条件はあるが、それだけだろうか。

TSMCが熊本に工場を建設する九州地域は、航空自衛隊の基地が最も多い。福岡県の築城基地と宮崎県の新田原基地に、緊急発進（スクランブル）部隊がいる。中国機の領空侵犯に日々対応している西の空の守りの最前線だ。

こうして見ると、現在建設中の半導体工場はほぼすべてが、沿海ではなく内陸にあることが分かる。

これは偶然だろうか。それとも見えないところで、何らかの意図が働いているのだろうか。

現代の半導体の地政学を考えるときは、こうした地理的な条件だけでなく、仮想的なサイバー空間での国家、企業の戦略にも焦点を当てなければならない。世界を流れて回るデータの物理空間での入れ物こそが半導体だからだ。

半導体は貿易で取引されるモノであると同時に、目には見えない、技術、ノウハウ、知的財産の結晶でもある。半導体は情報の化体（かたい）だ。

環太平洋でモノが行き来するサプライチェーンの裏側で、技術の覇権をめぐる世界規模の戦いが始まっている。半導体と国家安全保障の力学を読み解くために、各国の内情と戦略に目を向けてみたい。

2 米国の「鎖国」

米国は、安全保障を左右する半導体のサプライチェーンに、自分たちのアキレス腱があることに気づいた。決定的に欠けているのが半導体の生産力であり、台湾のＴＳＭＣ一社に製造を依存する国際水平分業の構造が、国家の危機を招く地政学リスクであると悟ったのだ。

中国による台湾への軍事侵攻は、いつ起きてもおかしくない。腕力で香港の民主化運動をねじ伏せた習政権の暴挙を見れば、可能性はさらに高くなったと考えざるを得ない。ウクライナ危機とガザでの戦いが、武力行使の可能性をさらに高めた。

中国から見れば、台湾は香港と同じように自国の一部であり、政府だけでなく国民の多くも台湾を外国とは見なしていない。沖縄に拠点を置く米軍と、米国から武器供与を受けた台湾の防衛線に少しでも隙があれば、中国軍の侵攻は難しいことではなくなる。

この地域の均衡は、「一国二制度」というフィクションを米中双方が認めることで成り立っていた。中国側が自ら進んで均衡を破る可能性は高いとはいえないが、米国は「たぶん起きないだろう」というリスクにかけるわけにはいかない。

2つの選択肢

半導体の覇権を握りたい米国がとれる選択肢は2つしかない。米国が必要とするファウンドリーの集積地である台湾を米国が軍事力で守るか、あるいは台湾のファウンドリーを米国内に移転させるか――だ。

バイデン政権はその両方で、素早く手を打った。軍事面では、横須賀に司令部を置く第7艦隊の東シナ海、南シナ海での活動を増やし、英国、フランス、ドイツなどEU主要国からの協調も取りつけて、この海域に軍艦を送り込ませた。

英国の最強の空母「クイーン・エリザベス」は2021年9月4日に横須賀に寄港し、海洋の安全保障で日米欧が連携するというメッセージを中国に送った。ドイツ海軍のフリゲート艦「バイエルン」も南シナ海を通過。ドイツが太平洋に軍艦を派遣するのは約20年ぶりだ。

バイデンの前任のトランプが壊した米欧の信頼関係が回復されていなかったら、こうした欧州各国の軍事行動は成り立たなかっただろう。

日米豪印4カ国が連携するQuadの枠組みも強化され、2020年秋から4カ国の海軍、海上自衛隊が共同演習を実施している。日本とオーストラリアはともに米国の同盟国だが、インドを巻き込んだ戦略的な意味は大きい。インドと中国の関係悪化をテコにして、「敵の敵は味方」という力学で、当初は消極的だったインドを仲間に引き込んだ。

台湾への直接的な支援も強めている。バイデン政権は2021年8月4日に、総額7億5000万ドル（約1125億円）に上る武器売却を決め、米議会に通知したと発表した。政権が発足して以来、台湾への武器売却は初めてのことだ。自走砲40両や弾薬補給車20両などを供与する物的支援だけでなく、台湾が計画する潜水艦建造への技術的な協力も始めているという。

トランプより前のバラク・オバマ政権は、中国への配慮から武器売却に慎重だったが、トランプ政権になってからの売却決定は11回にのぼる。ただし、トランプには中国への圧力に加えて、米国の軍事産業を支援する計算があったようだ。

バイデン政権はトランプの路線を継承し、さらに強化している。今度は守るものは米国内の産業ではなく台湾だ。米国が中心となって中国を取り囲む姿勢を鮮明にすることで抑止力を高め、中国の軍事的な動きを封じ込める挑戦的な戦略である。

もう一つの課題である米国内での半導体製造力の強化はどうか。バイデン政権は強引ともいえる外交力で台湾当局とTSMCに働きかけ、アリゾナに新工場を建設する要求を呑ませた。返す刀で韓国の文政権にも圧力をかけ、サムスン電子とSKハイニックスにも同様の直接投資を決めさせた。アジアのファウンドリーに網をかけ、米国にごっそり引っ張っていった。

23年2月には、米商務省が「CHIPS・科学法」にもとづく補助金申請の受け付けを開始した。23年12月の時点で申請数は120件を超える。まるで砂糖に群がる蟻のようだ。業種はウエハー製造から部品、素材まで多岐にわたる。商務省によれば、そのなかに日本企業も少なからず含まれている。

米国内ではグローバルファウンドリーズなどの受託製造企業に、生産力の増強を迫っている。同社はドイツとシンガポールに工場があり、バイデン政権の要請でシンガポールの設備投資を急いでいる。

サプライチェーンの守りと攻め

バイデンの戦略によって、国際分業の流れが変わるかもしれない。

そもそも製造部門を切り離すファブレス化は、半導体メーカーの投資リスクを減らすために考案され、2000年前後から米国のファブレス企業と東アジアのファウンドリーの二人三脚が進んだ。だが、中国の台頭により、このビジネスモデルが逆に米国の地政学リスクを高めるという皮肉な結果となっている。

バイデンの半導体戦略は企業の採算性を超越し、有無を言わさず投資を迫っている。この戦略が成功すれば、世界に分散したサプライチェーンが米国に集約し、米国内のエコシステムがさらに強化されるだろう。

そのためには、巨額の補助金で企業を支えなければならない。政府の財政負担は膨張するが、中国を敵視する国内世論と、半導体不足を理由に、外国企業への助成はおそらく正当化できる。これらの外交政策、産業政策が奏功した日には、米国での半導体生産は飛躍的に増える。

バイデン政権は、こうしたサプライチェーンの「守り」と同時に、中国に対する「攻め」の手も緩めない。中国の半導体産業に物資が流れる道を断ち、兵糧攻めにする構えだ。

22年10月には、それまでにない規模で対中輸出禁止の戦闘態勢を整えた。ファーウェイの半導体部門であるハイシリコン、中国最大のファウンドリーである中芯国際集成電路製造（ＳＭＩＣ）、半導体製造装置の中微半導体設備（ＡＭＥＣ）など、主要な中国企業への禁輸措置を続けるのは間違いない。

ただし、ここには落とし穴もある。この戦法の効力が永続的ではないことだ。中国の半導体自給率が高まるにつれて制裁の効果は薄まり、逆に中国企業の自律的な研究開発を後押しするという副作用が顕在化する。

米国が中国企業を追い詰めるのが先か、それとも中国企業が自立するのが先か——。技術競争は時間との勝負でもある。

広大な中国市場で商売をしたい米企業の突き上げも無視できない。米政府は、制裁の効果と国内の輸出企業の利益のバランスに腐心している。輸出企業の声が勝れば禁輸措置は後退し、安全保障の声が高まれば輸出制限を強化できる。

いつまで日欧韓との共同戦線を保てるかも不透明な部分がある。特に韓国は、時の政権次第で中国との距離感が変わる。輸出管理の手綱を協調して締めたり緩めたりする各国との難しい調整が待っている。

「開放」から「鎖国」へ

バイデン政権の通商政策にも目を凝らしてみよう。バイデンは世界の自由貿易体制についての方針をほとんど何も示していない。同じ民主党のオバマが推し進めた環太平洋経済協力協定（TPP）への再加盟を目指す気配は微塵もなく、機能不全に陥っているWTOの立て直しにも動いていない。

自由貿易に熱心ではない理由として、民主党内の左派への配慮が指摘されている。たしかに2020年の大統領選に出馬したエリザベス・ウォーレンやバーニー・サンダースらの主張は、国内の雇用を守るために米国の市場を閉ざす貿易保護主義の色彩が強かった。

民主党の伝統的な基盤である労働組合の支持や、グローバリゼーションの恩恵を得られない中間層がトランプを支持している国内の政治情勢を考えれば、バイデンが自由貿易に舵を切れないのは事実だ。しかも、トランプが24年の大統領選で再び勝利する可能性はゼロではない。ゼロでないどころか、23年末の現時点では50：50という見方が大勢になっている。

だが、米国内の政治的な風向きだけだろうか。経済の安全保障を優先し、半導体サプライチェーンの国内での完結を目指すバイデンの産業政策は、本質的に自由貿易と矛盾するのではないか。

たとえばＴＰＰは、要件を満たせば後からでも自由貿易圏に参加できる「開放性」を看板に掲げていた。自由化に向けて国内改革を進めれば、中国でも参加できるという立てつけだった。米国主導で国際ルールを築き中国を誘い出すのが、ＴＰＰの最大の眼目だった。つまり、最終的には中国を仲間に入れる考え方だ。

いまの世界の状況では、こうした理念は米国にとって受け入れられるものではない。信頼できる仲間のなかだけで貿易障壁をなくし、中国を自由貿易圏から切り離す方が安全であり、米国の安全保障の目的にかなっている。究極的に中国を仲間からはじき出すという、それまでと１８０度違うベクトルでバイデン政権は動いている。

23年11月にサンフランシスコで開いた米中首脳会談の折には、バイデンは習を「独裁者」と呼んだ。習近平が支配する中国では改革は起きない。中国は米国と異なる別の世界だ――。バイデンはそう考えているに違いない。

幸いなことに、米国には世界からデータを集めるＧＡＦＡＭがある。20世紀の石油に相当する資源のデータを汲み上げる井戸が、米国内にあるということだ。データを処理する半導体の開発では、米企業が世界最高の技術力を有する。

ＣｈａｔＧＰＴで革命を起こしたオープンＡＩなど、生成ＡＩの研究も世界で最も進んでいる。サイバー空間の土台となるインターネットは、実質的に米国の団体・組織が運営している。つまり、枢要なデジタル技術のほとんどは既に米国が握っている……。

あとは足りなかった半導体の製造技術を国内に確保さえすれば、すべてが米国の中に収まる。デジタル分野で自由貿易を追求しなければならない理由は弱まるのではないだろうか。

デジタル技術は地理的な条件を飛び越えて、米国の地政学的な地位を一段と高めた。米国だけで事足りると考えるモンロー主義への回帰を、あながち荒唐無稽と切り捨てることはできない。

「開放」から「鎖国」へ——。米国が閉じていく。

3　中国の「自由貿易」

半導体の覇権を握るという観点から、中国がとる経済外交を考えてみよう。

人質をとる

「あれは誤った戦略判断でした。日本語で言えば、後悔先に立たずです」

韓国第2の半導体メーカーであるＳＫハイニックスの幹部が、こう苦しげに漏らしたことがある。

２０２０年10月にインテルから買い取った遼寧省の大連工場での生産が、うまくいっていないからだ。

大連工場はＮＡＮＤ型と呼ばれるメモリーを生産している。既に稼働しているインテルの工場を丸ごと手に入れれば、劣勢だったＮＡＮＤ事業を強化できる。首位のサムスン電子と2位の日本のキオクシアを追い上げる切り札になるはずだった。

買収に際しては、中国政府から承認の条件として、中国企業への安定供給や継続的な設備投資などを求められたが、それでもＳＫは買収を決断した。インテルに支払った金額は90億ドル（約１兆３５００億円）にのぼる。それだけ中国の市場に魅力があり、中国の国内での生産に価値を見出していたからだ。

だが、ＳＫが大連工場を手に入れた20年末頃から、米中関係は悪化の一途をたどった。トランプは中国への敵意をむき出しにし、バイデン政権も中国向けの禁輸措置を強化していった。さらに外国企業が米国での生産に補助金を受ける条件として、中国に設備投資することも禁じている。

米国で生産したいなら、中国では設備投資するな――というわけだ。これでは大連工場は立ち行かない。おまけに、インテルから買った工場の中味は、想像していた以上に技術レベルが劣っていた。生産性は上がらず、新しい設備も導入できない。他社に売却することもできない。ＳＫは中国から抜け出せなくなったのだ。

工場を売り払ったインテルは涼しい顔だ。もともと操業が順調ではなく、ＮＡＮＤ事業の利益率も低かった。持て余していたところに、都合よく買い手が現れたというわけだ。

インテルは米中関係の流れを読んで、中国からさっさと足を洗ったのだろう。バイデン政権が禁輸措置を打ち出すことを事前に知っていたのではないかという憶測もある。それが事実なら歴史的なスキャンダルだが、真相は闇の中に埋れている。

これを中国側から見れば人質をとったことになる。ＳＫは大連のほかに江蘇省の無錫にＤＲＡＭ、直轄市の重慶に後工程の工場を持つ。サムスン電子も陝西省の西安にＮＡＮＤ、江蘇省の蘇州に後工程の製造拠点がある。巨大な工場が中国の内側にある以上、生かすも殺すも習政権の判断次第だ。

23年10月、米政府はサムスンとＳＫに対し救済策を講じた。米政府の承認なしでも米国製の製造装置を中国内の工場に導入できるという特例措置だ。このおかげで両社は九死に一生を得た。米国製の製造装置がなければ、中国工場での生産ができなくなるからだ。

米政府が韓国企業への規制を緩めたのは、韓国大統領の尹錫悦が直々にバイデンに頼み込んだ結果だといわれている。

半導体確保のための武器①――制海権

習近平政権の政策は、バイデン政権が打ち出した半導体戦略とコインの表裏の関係にある。外国に依存しない自前の半導体サプライチェーンを築きたいのは習政権も同じだ。米国が台湾のＴＳＭＣを欲しがるのと同じ理由で、中国もまた台湾の半導体生産の能力を必要としている。

サプライチェーンの要である台湾を実質的に支配したいところだが、台湾に侵攻する政治的リスクは中国にとって大きすぎる。自ら進んで攻撃を仕掛けるシナリオに現時点で合理性はない。

だが、台湾からの半導体の供給に再び道を開くためには、台湾と米国に圧力をかけ続けなければならない。中国は「その気になれば台湾を実効支配できる」という状況をつくり出し、軍事的な脅威として認識させようとするはずだ。

いまのところ米国とその同盟国によって封じ込まれているが、九州を起点に沖縄からフィリピン、ボルネオ島に至る「第1列島線」までは、できるだけ早く制海権を握りたいと考えているだろう。もちろん台湾はその内側にある。

南シナ海で、その準備が着々と進んでいる。独断で9つの断線を引いて、この「9段線」のなかの領有権を一方的に宣言し、東アジアの生命線であるシーレーンを掌握する構えだ。中国の領海なのだから何をしようと勝手だろう、という理屈である。

南沙（スプラトリー）諸島周辺に点在する暗礁では、埋め立てて築いた人工島で軍事拠点の建設が加速している。永暑（ファイアリー・クロス）礁では、２０１９年までに３０００メートル級の滑走路や電波妨害施設とみられる建物をつくり、戦闘機が離着陸する様子も衛星で確認された。写真を見ると、美しいブルーの海と物々しい軍事施設が、いかにも不釣り合いだ。

米中対立が激化した２０２０年4月には、南沙諸島と西沙（パラセル）諸島に独断で中国の「行政区」を設置し、中国の「地方自治区」として扱い始めた。南沙区政府の所在地は永暑礁、西沙区政府は永興（ウッディー）島だという。中国の行政の下にあるのだから、中国の警察権さえも行使できることになる。

こうなるともう台湾の南側の海域は、少なくとも中国の地図の上では完全に中国の腕のなかにある。

南からだけではない。台湾に対する西の大陸側からの圧力はさらに強力だ。東シナ海方面をにらむ中国海軍の東海艦隊は司令部を浙江省寧波基地に置き、南シナ海方面の南海艦隊は海南島に一大拠点

図表5-1　第1列島線と第2列島線

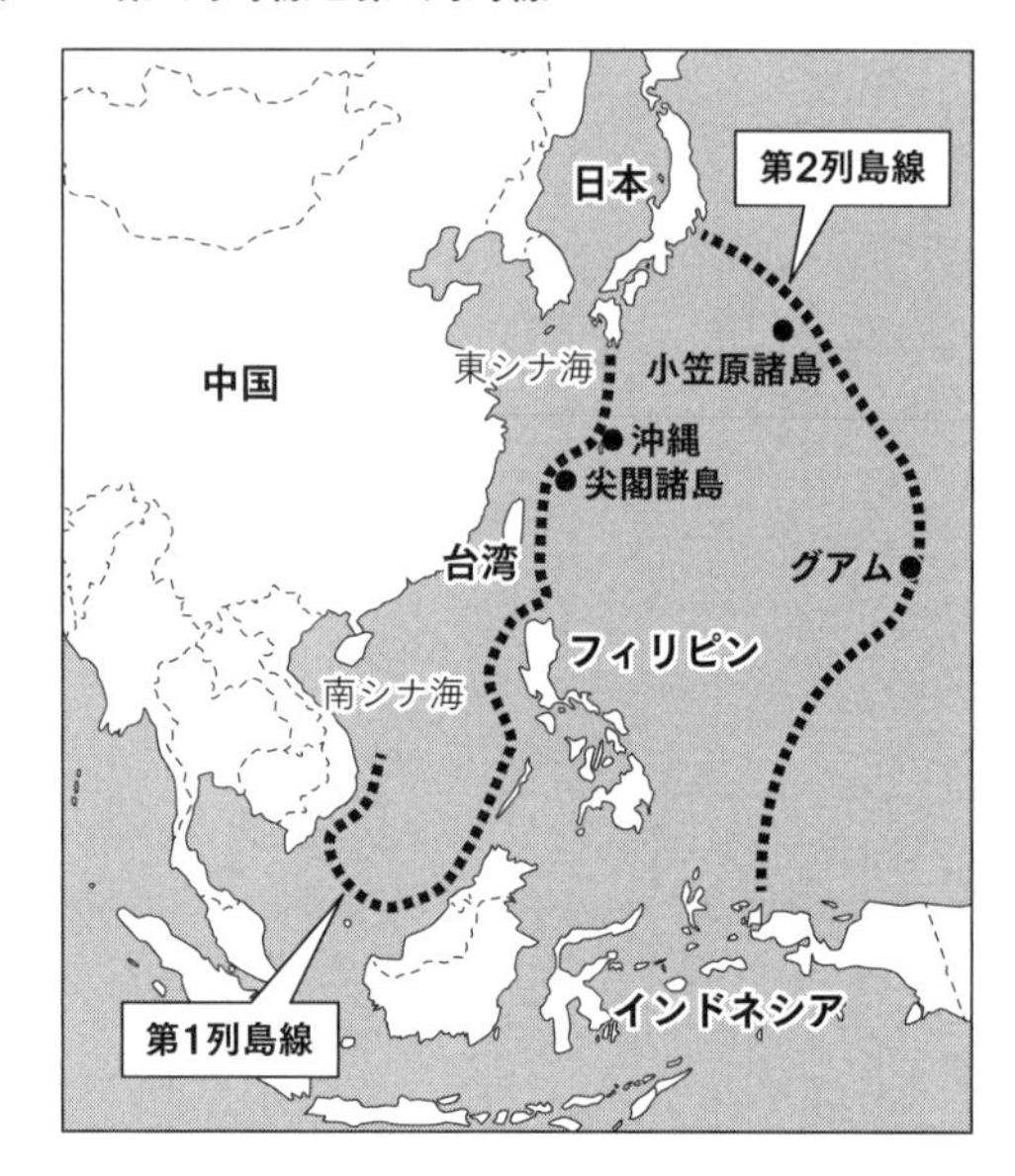

図表5-2　中国が領有権を主張する「9段線」

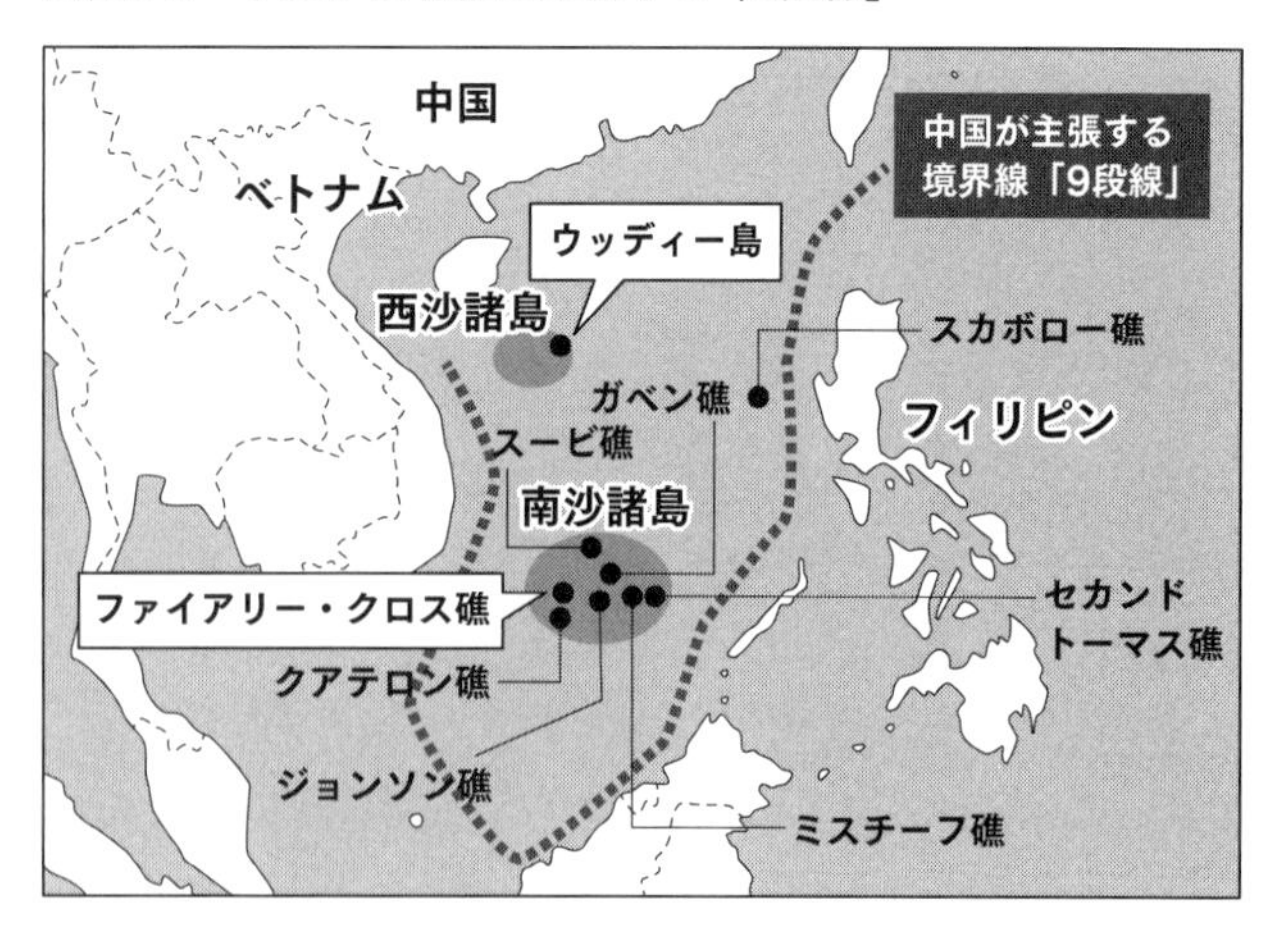

がある。

第Ⅲ章でも触れたように、台湾海峡を挟んで台湾の目と鼻の先にある福州や寧波などに、いくつもの空軍基地があり、超音速の戦闘機であればものの5分で台湾まで飛んでいける。

一つひとつが公表されているわけではないが、空からの脅しは頻繁に起きている。たとえば2021年9月に英空母が南シナ海、東シナ海を北上した際には、台湾の防空識別圏に中国の空軍機が進入した。10月に入るとさらに急増し、4日間で延べ149機にものぼった。

宮古海峡を越えた西太平洋の上空を飛ぶドローンも確認されている。日本の防衛省統合幕僚監部の8月26日の発表によれば、中国が開発したばかりの偵察・攻撃型のドローンを発見し、航空自衛隊の戦闘機がスクランブル発進した。こうして日本の尖閣諸島の防空識別圏にしばしば現れる中国機は、福州、寧波の空軍基地から発進しているとみられる。

一言でいえば、台湾のまわりは中国軍の基地だらけ。中国の軍用機が飛び回っているのだ。しかも半導体工場が集結する台湾西岸の新竹は台湾のなかでも最も中国大陸に近い位置にある。地政学的にこれほど危ない場所はない。

半導体確保のための武器②——国内市場

中国のもう一つの〝武器〟は国内の市場だ。2020年の半導体の市場規模を見ると、中国のシェアが圧倒的に大きく、中国だけで世界の需要の35%を占めている。この民間調査によると、北米は22%、欧州と日本はそれぞれ8%強にとどまる。

そのマーケットパワーが、これからさらに強まっていくのは間違いない。中国はデジタル先進国であり、部品として半導体を買う企業が山ほどあるからだ。半導体の需要は毎年2桁前後の勢いで成長し続けている。もし米中の対立がなければ、世界の半導体メーカーは中国の成長市場を目指して雪崩を打つように輸出を増やしているだろう。世界中の半導体を爆食するのが、中国という国だ。

第Ⅳ章で紹介したインタビューで、ファーウェイ日本法人会長の王剣峰は、米国の半導体メーカーの水面下の動きに注目していた。今後の米政府の輸出規制はすべての半導体を対象にするわけではなく、高水準の技術に限定されるという見立てだ。

米国の半導体企業が、戦略的に機微な製品を除き、むしろ自由に中国に輸出したいと考えているのは事実である。インテルやクアルコムの汎用チップはその代表例といえるだろう。米国の企業は忖度では動かないため、禁輸リストを作成する商務省は、「ここまでなら輸出してよい」という線を明確に引いて示さなければならない。その線の所在を、中国企業が目を凝らして探っている。

輸出拡大のチャンスをうかがう米企業の存在は、中国にとって好都合だ。米政府は安全保障の観点から半導体企業を縛るが、企業はビジネスで中国の市場に依存している。米企業が米国のなかで輸出規制の緩和を働きかければ、中国にとってトロイの木馬の役割を果たしてくれるかもしれない。米国のジレンマがここにある。

2019年頃から習近平政権が世界の自由貿易の牽引役を自任するようになったのも、こうした貿易面での米中のいびつな依存関係と無縁ではない。自由貿易は中国にとり好都合なのだ。

TPPを乗っ取る

米国ではトランプ政権が自由貿易のルールづくりの舞台から降り、米国は保護主義に傾斜した。バイデン政権に移行してからも、米国の内ごもりの傾向に変わりはない。自由貿易主義から貿易保護主義への変節……。習政権はこの潮目をとらえた。

2020年5月、北京で開いた中国全国人民代表大会――。首相（当時）の李克強が記者会見で、環太平洋パートナーシップに関する包括的及び先進的な協定（CPTPP＝TPP11）への参加に言及し、「中国は前向きで開放的な態度をとっている」と公式に明言した。

同年11月、オンラインで開いたAPEC――。今度は習近平自身が、CPTPPへの加入を「積極的に検討している」と発言した。

そして2021年9月16日、ニュージーランドのウェリントン――。CPTPPの事務局を務めるダミアン・オコナー貿易・輸出振興相のもとに、中国商務相の王文濤から「参加したい」と正式な申請書類が届いた。

CPTPPは米国が離脱した後に、日本が中心となってまとめた11カ国による自由貿易の協定である。中国が加入するためには、協定の内容に沿うように、国内で改革を進める必要がある。簡単ではないが、不可能ではない。

加入を果したあかつきには、他の参加国と同じ発言権を持つ。もともとのTPPは、中国を囲い込んで国際ルールの舞台に誘い出すために米国が考えた仕掛けだったが、米国が抜けたいま、中国が自由貿易の国際ルールを形成する側に回ろうとしているのだ。

「中国がＴＰＰを乗っ取ろうとしている……」

李と習のＴＰＰ参加発言に前後して来日した米政府の元高官は、真顔で不安を口にしていた。オバマ政権のホワイトハウスでＴＰＰ構想を立案した当事者には、予想外の展開だったのだろう。自分たちがつくったＴＰＰなのに、いつのまにか中国が中心に座ろうとしているのだから。

データ貿易の主導権を握る

習政権の通商ルール策定への関与を示すもう一つの例は、２０２０年11月に署名された東アジアの地域的な包括的経済連携（ＲＣＥＰ＝Regional Comprehensive Economic Partnership）協定だ。日中韓と東南アジア諸国連合（ＡＳＥＡＮ）、オーストラリア、ニュージーランドの15カ国による多国間の交渉を通して、中国は多くの局面で議論を主導しようとしていた。

たとえば電子商取引のルールを定めた、いわゆるデジタル条項の条文は、中国の主張を色濃く反映している。

この条項によれば、国境を越えたデータの移転を制限してはならない。データセンターを自国内に置くよう制限してはならない。

一見すると自由なデータ貿易を保証しているようだが、条文をよく読むと、加盟国が自国の安全保障に関わると判断した場合は例外扱いにできる仕組みになっている。

建前ではデータ貿易の自由をうたいながら、中国政府が必要だと判断すれば外国企業のデータが国境を越えないように差し止めることができるうえ、外国企業のサーバーを中国内に置かせることもできる。外国企業にソースコードを見せろと要求することも可能だ。

そうなれば、GAFAMなど外国のクラウド企業が中国で集めたデータは、事実上、中国政府の管理下に置かれることになる。中国で収集したデータは中国の外に持ち出させない、というわけだ。

4　欧州の「一点集中」

バリューチェーン全体を支配することができなくても、急所となるチョークポイントを探して陣取れば、地政学リスクを抑えて戦況を有利に運べる。欧州の戦略は、他の国々の動きを左右するような突出した技術を確立する点にある。

欧州最強の〝武器〟――露光装置を独占するオランダ企業

シリコンウエハーの上に電子回路を焼きつける作業を「露光」という。フィルムに人物や風景を写して現像するひと昔前の銀塩カメラと同じ原理である。半導体の製造で最も重要な工程だ。

この露光を施す装置が、欧州の最強の〝武器〟になっている。高度な露光装置をつくれるメーカーが、世界でオランダの1社しかないからだ。同国西部のヘルトホーフェンにあるASMLである。

ASMLのどんな技術が優れているのか――。

雨上がりの空にかかる虹の7色を思い出してほしい。赤、橙、黄、緑、青……。片方の端にあるのが赤、反対側は紫に見えるはずだ。赤と紫の先は、空に溶け込むように消えていく。人間の目に見えるのは、光のごく一部にすぎない。虹の両側にある見えない領域が赤外線と紫外線で、その紫外線のなかでもさらに波長が短い光は「極端紫外線（ＥＵＶ＝Extreme Ultraviolet）」と呼ばれる。

集積度が高い半導体チップの製造には、このＥＵＶが重要な役割を果たす。シリコンウエハーに焼きつける〝写真〟の解像度を上げるために、できるだけ細かい波の光を使わなければならない。回路が微細になればなるほど、より波長が短い波が要る。

ＡＳＭＬが握るのは、ＥＵＶによる露光技術だ。半導体の微細加工では、韓国のサムスン電子と台湾のＴＳＭＣが回路線幅７ナノの量産の壁をクリアし、さらに５ナノ、３ナノと微細化を競っているが、このレベルになるとＡＳＭＬの装置がなければ製造は難しい。

主客転倒のサムスン、完敗の日本勢

「ＥＵＶ露光装置を、もっと我が社に売ってほしい」

コロナ禍のさなかの２０２０年10月13日。韓国の報道によると、サムスン電子の李在鎔副会長（当時）が専用機でオランダに飛び、ＡＳＭＬのピーター・ウェニンクＣＥＯに直談判したという。

この年にサムスンが確保したＡＳＭＬのマシンは25台前後とみられ、ライバルであるＴＳＭＣの半分にとどまっている。これでは生産力で負けてしまう――。サムスンは焦っていた。

より多くの台数を配分してもらう見返りに、李が巨額の研究開発費を求められたという憶測が流れたほどだ。本来ならサムスンがＡＳＭＬの顧客であるはずだが、主客が完全に転倒している。

本章の扉の写真が、組み立て中のＡＳＭＬのＥＵＶ露光装置だ。大型トラックほどの大きさがあり、価格は1台２００億～３００億円もする。装置を多く手に入れるほど、多くの半導体を生産できるが、同社が出荷できる台数は年間30～40台が限界で、各国のメーカーの奪い合いになっている。

製造装置が得意であるはずの日本勢はどうしたのか。露光装置は２０００年代まで日本のキヤノンとニコンの寡占状態で、2社を合わせて世界市場の約8割を占めていた。しかし、両社はＥＵＶ技術の開発競争に敗れ、次々と戦線を離脱していった。両社を抜き去ったＡＳＭＬが、いまでは8割のシェアを握る。

日本勢が撤退したのは、開発資金が枯れたからだ。だがカネがない点では、当時のＡＳＭＬも日本勢と同じだった。このオランダ企業の戦略が優れていたのは、ＴＳＭＣやサムスンなど世界の半導体メーカーから資金を集めて、開発を継続した点にある。

そして代金は、開発が成功した後にＥＵＶの現物で返済していった。ＴＳＭＣやサムスンが圧倒的に多いＥＵＶを保有しているのは、このためだ。日本のニコン、キヤノンには、この戦略がなかった。政府の支援も手薄だった。痛恨の失策である。

「当社はＥＵＶ露光装置の開発は行っておりませんので、一般的な回答になりますが、露光パターンの欠陥、マスクの欠陥、レジスト、光源の出力など改善が必要と認識しています」

今後のＥＵＶ技術の方向性をニコンに聞くと、広報を通して技術部門からこんな丁寧な回答が返ってきた。

残念な気持ちがにじみ出たコメントではないか。同時に、EUVの技術が、いかに多くの要素で成り立っているかがよく分かる。多様な分野から技術を総動員した日蘭メーカーの競争は熾烈を極め、特許をめぐる訴訟問題が何度か起きた。だが、圧倒的なシェアを握られたいまとなっては、日本企業の再参入は難しいだろう。

オール・ヨーロッパで支えられた企業

専門家にEUV装置の仕組みを解説してもらった。聞くだけで気が遠くなるような、超絶的な難度の技術である。

たとえば光源となる部分では、液体化した錫（スズ）の滴を毎秒5万個、真空の容器のなかに落とし、この液滴にレーザーを当てることで極端紫外線を発生させる。このレベルの波長の光はほとんどの物質に吸収されてしまうため、光の通り道はすべて真空にしなければならない。

何層も膜を重ねてつくる特殊な鏡に光線を何回も反射させながら倍率を調整し、最後に半導体のシリコンウエハーに照射する。大きなレンズを使うため、扉の写真のような巨大な装置になる。それでもこの写真の装置は、山型のモデルだ。

工場の内部の様子を映像で見たことがある。クリーンルームのなかに建設工事のような作業場があり、白い防塵服に身を固めたエンジニアたちが慎重に組み立てや調整作業に集中していた。広い廊下の壁に『新聞記者にアプローチされたら直ちに報告せよ』と大きく書いてあったのに、思わず苦笑した。厳格な秘密主義である。

ＡＳＭＬは電機メーカー大手、フィリップスを母体とするオランダ企業だが、オランダの技術だけで製品をつくっているわけではない。光学系の装置はカメラのレンズで有名なドイツのカールツァイスが製造し、レーザー光線の発生器はドイツのトルンプ製だ。

ＥＵの補助金も流れ込んでいる。ＡＳＭＬはオランダ企業というより、オール・ヨーロッパで支えられた企業と見るべきだろう。

技術力の背後にＩＭＥＣ

ベルギーの研究開発機関、ＩＭＥＣ（アイメック＝Interuniversity Microelectronics Centre）との関係も見逃せない。ＩＭＥＣは微細電子工学と情報技術を専門とする非営利の組織で、２０００人近くの研究者、エンジニアが世界中から集まっている。研究者の6～7割は、約50カ国の企業から派遣された外国人だ。

会員制のような形で企業を募り、企業はお金と人材をＩＭＥＣに送り込んで共同研究プロジェクトに参加する。日本企業も例外ではない。日本の半導体業界の主要企業は、何らかの形でＩＭＥＣと提携し、本部があるルーベンには常に40～50人の日本人が駐在している。

「研究開発をすることだけが目的ではなく、情報を得るために人を送っています。あそこ（ＩＭＥＣ）とうまくつきあっておかないと、最先端の技術動向が分からなくなってしまいますから……。技術者が集まるクラブのようなもので、メンバーにはライバル企業もいますが、自由闊達に議論できる雰囲気があります」

日本最大の製造装置メーカー、東京エレクトロン元会長の東哲郎は、ＩＭＥＣとの関係について、こう語る。他の国々の企業も同じだろう。ＩＭＥＣはオープン・イノベーションのハブであり、お金と人材だけでなく、世界の製造現場からホットな情報が集まってくるわけだ。

オランダのＡＳＭＬのバックにいるのが、このＩＭＥＣである。どちらもオランダ語圏にあり、距離的にも近い。ＩＭＥＣを経由して最新の情報が流れ込むのだから、世界のメーカーが何に悩み、どんな解決策を求めているか、ＡＳＭＬは手にとるように分かるだろう。これが同社の傑出した技術力のからくりである。

米国も恐れる切り札

米政府は対中制裁の一環として、外国企業にも中国企業への輸出を禁止した。これでＡＳＭＬはＥＵＶ装置を売ることができなくなり、中国のメーカーは、微細加工の道をふさがれた。

とはいえ、ＡＳＭＬにとって中国企業は大口の顧客である。中国は台湾、韓国に次ぎ、同社の輸出相手国の第３位だ。当初は米政府からの圧力に抵抗し、渋々といった体で禁輸措置に従った経緯がある。

２０２１年の政権交代後、バイデンは禁輸措置をさらに強化した。米政府の規制は第三国にも及ぶ。つまり中国はオランダからＥＵＶ露光装置を調達できない。

米欧が対中禁輸で共同戦線を張った形だが、欧州の視点で見れば、ＡＳＭＬは米国に対する切り札でもある。米国の企業も、ＡＳＭＬの装置を必要としているからだ。

米国が頼みとする台湾、韓国のファウンドリーは、ＡＳＭＬの装置を手に入れようと順番待ちの状態にある。今後、インテルやグローバルファウンドリーズなど米国のメーカーが微細加工の競争に本格的に参戦すれば、自分たちも順番の列に加わらなければならない。

米政府は中国への輸出を止めることはできるかもしれないが、強制的に米国に輸出させることはできない。ＡＳＭＬがオランダの企業である限り、欧州は世界の半導体メーカーへの影響力を握り続けるだろう。

中国に対抗する〝西側〟の陣営であっても、米国の言うなりにはならないのが欧州のしたたかさである。自分たちの安全保障のために、ＡＳＭＬを手放すことはない。

ちなみに２０００年代から半導体戦略を起動した日本では、熊本のＴＳＭＣ、千歳のラピダス、広島のマイクロンにそれぞれ一基のＥＵＶを導入することになった。ＥＵＶが一台もない状態では、次世代半導体の生産どころではないからだ。待ち行列の最後尾にいたはずの日本勢が、なぜ強引に割り込みできたのか。もちろん背後に日本政府の力がある。

孫正義の計算

「僕は40年前のあの感動に、憧れのスターにやっと会える。この手で抱きしめたい」――。

２０１６年7月21日、ソフトバンクグループ会長の孫正義は興奮気味に語っていた。孫が言う「スター」とは、英国ケンブリッジに拠点を置くアーム社のことだ。

アーム買収を発表したソフトバンクグループ会長の孫正義
（提供：ロイター／共同）

アームは半導体チップの設計に特化したファブレス企業である。ソフトバンクはこの数日前に、３２０億ドル（約４兆８０００億円）でアームを買収すると発表し、世間を驚かせていた。

孫は40年前の学生時代に、科学雑誌に載っていた半導体チップの写真を見つけ、「人類は自らの知性を超えるものを生み出してしまった」と感動したという。そのページを切り取って持ち歩いていたほどだ。その孫の目にアームの姿はどう映っていたのか――。

オランダのＡＳＭＬと同じように、アームはバリューチェーンの最上流でチョークポイントとなる企業だ。クアルコム、アップル、エヌビディアなどのメーカーは、アームから基本回路の設計図をライセンスの形で買い、このアームの図面を組み合わせることで、自社のチップの設計図を完成させていく。

スマホやタブレット端末に搭載されるチップの多くは、アーム仕様の基本回路を使って設計されている。極端な言い方をすれば、各メーカーはアームの図面がなければ自社のチップをつくることができない。

ソフトバンクがアームを傘下に収めるということは、孫正義がバリューチェーンを丸ごと支配下に置くに等しい。孫が「この手で抱きしめたい」と言ったのは、アームではなく、世界の半導体産業のことだったのかもしれない。

何もわざわざアームから図面を買わなくても、自分で設計すればよいではないかと思う向きもあるだろう。こう考えると分かりやすい――。

微細加工が進歩するにつれて、チップに詰め込む電子回路の数はどんどん増えていった。集積度が高いチップでは、回路を構成するトランジスターの数が数百億個にのぼる。建築にたとえれば、一つのチップを設計する作業は、大都市を丸ごと設計するようなものだ。

どんなに力がある設計事務所でも、1社で都市全体の図面を描くことはできない。おそらく技術的には不可能ではないが、都市の図面が完成するまでに何年もかかってしまうだろう。これでは納期に間に合わない。

ビルや住宅などの細かい部分は出来合いの図面をよそから買ってきて、貼り合わせたり、修正したりしながら、都市全体の図面を描いていくしかない。アームとは、いわばビルや住宅の図面を設計事務所に売る会社である。

米企業へのアーム売却に待った

2020年9月、ソフトバンクはアームを米国のエヌビディアに売却すると発表した。売却額は400億ドル（約6兆円）で、320億ドルで買収してから4年間で25％の利益を得ることになる。孫が追い求めていた夢は、半導体ではなく投資利益のことだったのかと鼻白んだ人も少なくない。

ところが、そこに待ったをかけたのが、英国政府だった。

「私たちは、エヌビディアがアームを支配することで、ライバル企業が高度な技術にアクセスできなくなり、ひいてはイノベーションが阻害されることを懸念しています」

2021年8月20日、英政府の競争・市場庁（CMA）が、買収に異議を唱える報告書を公表した。チップ設計の大本を握るアームがエヌビディアの傘下に入れば、他の半導体メーカーが不利になってしまうという理由である。

だが、独占禁止は建前であり、本当の狙いは別のところにある。

英国議会下院のトム・トゥーゲンハット外交委員長（当時）が、ツイッターでこう叫んだ。

「アーム売却は主権の問題だ。テクノロジーの管理は、（国家の）独立を保つ基本的な要素であり、米大統領の下にある投資委員会の決定に対して、英国議会が何も言えなくなってしまう」

買収の妥当性を、米政府に勝手に判断させるわけにはいかないという主張である。

アームの共同創業者のハーマン・ハウザーも、20年9月のロイターのインタビューで怒りをあらわにした。

「（アームの売却は）英国にとっても、欧州にとっても最悪の事態だ。グローバルな重要性を持つ欧州最後のテクノロジー企業が米国人に売却されようとしている」

英国のプライドをむき出しにし、同盟国である米国への不信を隠そうともしていない。これが、かつて世界の覇権国だった英国の本音だろう。

米国は台湾のTSMCと韓国のサムスン電子に工場を進出させ、製造面で欠けていたパズルのピースを埋めたが、さらにエヌビディアによる買収で英国のアームまで手に入れようとしている。

バリューチェーンの要であるアームが米企業の子会社になれば、米国が半導体産業のすべてを握ることになる。英政府が買収を阻止しなければ、英国は地政学の戦いの駒を失ってしまう……。

23年5月――。英政府は半導体の研究開発に10年間で10億ポンド（約1800億円）を投じる「国家半導体戦略」を発表した。アームをはじめ英国内のIP企業を支援し、サプライチェーンの支配力を高める巨大な産業政策の始動である。

英国はおいそれとはアームを手放さないだろう。

23年4月に来日した英国のある閣僚とランチをともにした。その席で「独禁法を理由にしているけれども本当は理由は何でもよいのでしょう？」と聞いてみた。

その閣僚はニヤリと笑っただけだった。

column

アーム・チャイナの暴走

米エヌビディアによる買収で揺れる英国のアームは、中国問題にも手を焼いている。

中国にある合弁企業のアーム・チャイナ（安謀科技）の会長兼CEOが、解任されたにもかかわらず経営トップに居座り続けているからだ。

2021年10月時点で、広東省深圳に拠点を置くアーム・チャイナは、英国ケンブリッジのアーム本社から独立した状態になっている。

アーム・チャイナは、半導体チップ回路図などの知的財産（IP）を、中国の半導体メーカーにライセンス供与の形で販売する企業だ。もともとはアームが100％出資する現地法人だったが、ソフトバンクの傘下に入った後、2018年に中国との合弁会社になった。

21年末時点ではアーム本社が49％、投資ファンドなどの中国側の連合が51％の株式を持つ。つまり支配権は中国側にある。

ところが、2020年の前半に、CEOのアレン・ウー（呉雄昂）が利益相反の行為をしていた疑いが浮かび、アーム本社と中国側の出資者が合意したうえで、6月にアーム・チャイナの取締役会で正式にウーの解任が決まった。だが、ウーは解任はされたが、辞任はしていない。

なんともおかしな話だが、中国の制度では印鑑の効力が大きく、ウーが社印や登録書類を握って放さないため、役所に届け出る文書に押すことができないのだそうだ。

同社に出資する中国ファンド連合が、ウーに同調してウーの味方になっているわけではないようだ。自分を追い出そうとした取締役らをウーが逆に提訴するなど、アーム・チャイナの内輪もめは混迷を極めている。もう100%子会社ではないので、英国のアーム本社は遠くから眺めているだけで、なすすべがない。

激しい米中対立のなかでアームが中国で商売ができているのは、同社が英国の企業であり、技術を独自に開発しているからだ。米国の技術に依存していないため、米政府の輸出規制の対象になりにくい。

アームから見れば中国は重要な市場であり、米政府の規制から自由でありたい。中国で開発された半導体チップの9割以上が、アームの基本設計にもとづくという。ファーウェイの子会社ハイシリコンは、そのなかでも特に大口の顧客である。

米中の溝は深まる一方だが、アームは米政府の介入をかわして、独自に中国でのビジネスを広げていく構えだった。その矢先に起きたCEO解任劇である。

コントロールがきかなくなったため、アーム本社はアーム・チャイナへの新規IPの供与を停止した。つまり最新型のチップの設計図は中国に送られていない。

このままの状態が続いて困るのは、あなた方、中国の半導体メーカーなのだから、中国当局の力でなんとかしてほしい——。アーム本社は、ライセンス供与を止めることで中国当局に介入と問題解決を促したが、ほとんど進展はない。

それどころかアーム・チャイナは中国での事業を続け、本社のライセンスではなくアーム・チャイナが中国内で独自に開発したチップ設計のライセンス供与を始めると宣言している。ウーは自分が支配する独立王国を中国で築こうとしているように見える。

アーム本社は、51%の株式を握る中国側の出資者と連携していると主張する。だが、これから先どう転ぶかは分からない。いまはウー個人に手を焼いている格好だが、将来、中国側の出資者はどう動くだろうか。中国側は政府系ファンドが中心だ。

そもそも合弁会社にして51%の株を中国側に渡

した時点で、アームは支配権を失っていた。完全子会社だったアーム・チャイナを合弁会社に切り替えたのは、その方が中国で事業展開しやすいというソフトバンクの判断だったという。

アームは半導体チップの基本中の基本となる回路のライセンスを握っている。バリューチェーンの最上流に位置しているはずだが、アーム・チャイナにIPを持っていかれたとすれば、そのバリューチェーンは途中で切れてしまう。支流が別の川になり、本流とは別に勝手に流れ始めたようなものだ。

中国側の出資者の今後の出方次第だが、下手をすれば中国側に完全に乗っ取られてしまう事態にもなりかねない。そうなれば、半導体の地政学の地図は塗り替えられ、中国に対する〝西側〟の影響力は一気に低減するだろう。

元の子会社の株式を中国のファンド連合に売却する際、対米外国投資委員会（CFIUS）などの米政府の監視当局は、安全保障上の懸念があるとして異議を唱えていたようだ。アームは、こんなことなら合弁会社にするのではなかったと後悔しているかもしれない。

アームが米国の忠告に耳を貸さず合弁会社化に踏み切ったのは、中国ビジネスに対する皮算用だけでなく、米政府の言うなりになりたくないという心理が働いていたのではないだろうか。

中国と英国の報道などによると、ウーは米国籍を持ち、米カリフォルニア大学バークレー校でMBA（経営学修士）を取得した後、シリコンバレーのテック業界での経験が長い。アームには2004年に入社し、同社の中国事業を任されていた。

アーム本社とソフトバンクは、ウーの中国での経営手腕と忠誠心を信用していたのだろう。

TSMCをめぐるチェーン下流の戦いも壮絶だが、上流のアームをめぐる英中間のゴタゴタも、国家間の紛争に発展しかねない火種になっている。

VI

日本再起動

ラピダス設立会見に臨む小池淳義代表取締役社長（左）と東哲郎取締役会長（右）
（提供：日刊工業新聞／共同通信イメージズ）

半導体バリューチェーンのチョークポイントは、世界にいくつかある。高度な製造技術を握る台湾のＴＳＭＣはその代表であり、基本回路のライセンスを供給する英国のアーム、微細加工の製造装置を独占するオランダのＡＳＭＬも象徴的な企業だ。

まだ実用化されていない未来の製造技術を研究開発する米国のＩＢＭも、チョークポイントの一つとして数えていいだろう。

これらの要衝を押さえる国家や地域がバリューチェーンを制する力を持ち、経済でも政治でも強国となる。いまの日本には、残念ながら要衝と呼べるほどの企業はいない。

だが、半導体の地政学の地図は、新しい技術が登場するたびに塗り替えられていく。戦いは既にある要衝を奪い合うだけではない。いま要衝が手中にないのならば、新しい要衝を国内に築けばいい。

米中の対立が深まり、世界の分断が進んでいる。その軋みのなかで、新たな地政学ゲームが始まった。米中の亀裂のなかに、日本にとって好機が隠れているかもしれない。

1　ラピダスの含意

地下鉄の乗客

「地下鉄に乗って座ると、向かい側に何人います？」

普通につめて座れば7人でしょうか。

「で、その7人は何をしていますかね」

みんなスマホを覗き込んでいますね。スマホを見ていない人の方が少ないですね。
「そうでしょう。では、その人たちは幸せな顔をしていますか？」

きょうは半導体の技術が話題なのに、ラピダス（Rapidus）社長の小池淳義は、おかしな質問を投げかけてくる。半導体が人の幸せの話にどうつながるのだろう。だが、小池はなぞ解きの冗談を言っているのではない。真剣な目で、こちらの答えを待っている。

そう言われてみれば、東京の通勤電車で会う人たちは、みな無表情で疲れた顔をしている。スマホの世界に没入して、まわりに気持ちが向いていない。お年寄りが前に立っても、気がつかない人もいる。リラックスして窓の景色を眺める人も少ない。幸せかと問われれば、たしかに幸せそうな顔の人は多くないかもしれない。

「それは半導体のせいなんです」

小池はそう言って、いたずらっぽい笑みを浮かべた。

技術が進み、半導体チップが小さく、高機能になったおかげで、スマホの性能は上がった。友達といつでもつながっていられるし、ネット検索もできる。買い物の支払いや銀行口座への振り込みもできる。写真も撮れるし、ビデオ通話もできる。スマホの登場で、人々の暮らしが格段に便利になったのは間違いない。

しかし、その半導体の進歩で、果たして人間の幸福度は上がっただろうか。小池が問いかけているのは、半導体の機能をどれだけ高めるかではない。半導体が社会を豊かにできるかどうかである。

「これまでの価値観で半導体の技術をいくら高めても、私はそんなのはダメだと思いますね」

2ナノ量産に込めた意味

ラピダスは2022年11月に設立された日本の半導体メーカーだ。世界で誰も到達していない2ナノメートルという超微細加工の量産技術を確立し、顧客となる企業から受託してカスタムメイドのチップを製造することを目指す。社長は日立出身の小池、会長には東京エレクトロン元会長の東哲郎が就いた。既に日本政府が数兆円の規模で補助金を注ぎ込む路線も決まっている。

小池の言葉を借りれば、「とんでもない製品やサービスを構想する顧客企業と一緒に考えて、その夢を実現するためのチップを創造する」のが、ラピダスが目指す会社像だ。「とんでもない製品」とは、それによって便利になるだけでなく、人間が本来持っている能力や価値を引き出す工業製品のことを指す。だが、それがどのようなものであるかは、まだ分からない。

突然、国産半導体の新会社が姿を現したことに世間は驚いたが、その奇想天外な経営方針は、半導体の技術を知る人々をもっと驚かせた。3年後の25年4月までに試作ラインを完成し、3年後の27年の初めには量産に入るのだという。

現時点の日本のメーカーの技術レベルは、ようやく28ナノあたりにたどり着いた程度である。いきなり2ナノの地点に跳躍するのは夢のような話ではないか。世界の最前線にいるTSMCとサムスンですら、実用化しているのは3ナノである。

とはいえラピダスは実は2ナノの技術をゼロから開発するわけではない。米国のＩＢＭから技術を買って、それを土台に量産を目指す。ラピダスは会社設立の直後から、ＩＢＭの研究拠点があるニューヨーク州のアルバニーに１００人単位でエンジニアを送り込んでいる。最先端の技術を習得するためだ。

ＩＢＭは半導体メーカーではない。研究はするが自分ではつくらない。2ナノで微細な回路を形成する新しい手法の開発に研究室レベルでは成功したものの、実際に製品にできるかどうかは未知数だ。新技術を世に送り出すためにはモノをつくるメーカーと組む必要がある。それがラピダスだった。

米国から見える景色は

ここにラピダス構想の2面性がある。日本の側から見ると、半導体産業の復興をかけて新会社をつくった。高度な加工に必要だから技術をＩＢＭから持ってくる、という構図になる。

しかし米国の側から見ると、逆転した景色になる。メーカーではないＩＢＭのビジネスモデルの特徴は、製品ではなく技術そのものを売る点にある。つまりＩＢＭの商品は知的財産権である。

ＩＢＭは２０２０年に、開発した2ナノの技術を買ってくれる相手を探していた。その時に手をあげたのが、まだ会社として誕生する前のラピダスだった。これは、ＩＢＭにとってラピダスが第一号の顧客になったことを意味する。

２ナノ技術の売り先は、日本のラピダス以外にも候補となる企業があったというが、ＩＢＭの技術開発部門のトップであるジョン・ケリーと、東京エレクトロンの東哲郎との縁が決め手となった。ケリーと東は長年の友人同士である。

9・11テロが生んだ縁

「恩返しの気持ちがあったのだと思う」

ラピダス設立に至る経緯を振り返り、東はこう述懐する。

話は米国で同時多発テロが起きた２００１年9月11日にさかのぼる――。

当時のニューヨーク州知事ジョージ・パタキは、9・11のショックに打ちひしがれていた州に新たなハイテク産業を起こしたかった。そこでマンハッタンから車で２時間ほど北にある州都アルバニーに、半導体の微細加工技術を研究する一大施設をつくる構想を描いた。

ニューヨーク州に本社を置くＩＢＭが協力することになり、先端技術を熟知するケリーがパタキと共に計画を練っていった。

だが、肝心のメーカー企業が集まらない。9・11が引き金となってＩＴバブルが崩壊し、世界は米国発の深刻な不況に陥っていたからだ。

そこに「ひとつ手助けをしよう」と駆けつけたのが、東京エレクトロンの東だった。こうしてテロの翌年の２００２年、ニューヨーク州、ＩＢＭ、東京エレクトロンの３者が中心となり、「アルバニー・ナノテク・コンプレックス」が発足。それ以来、この地が米国の半導体研究の中心地となる。ニューヨーク州は州都にハイテク拠点を築くことができた。世界から人材と知見が集まり、その中心にＩＢＭが座った。東京エレクトロンは、アルバニーを舞台に多くの半導体企業と関係を深めることができた。９・11が生んだ縁だった。

2ナノ技術を使ってみないかとケリーから打診を受けたとき、東は即座に「日本の半導体産業が復活する最後のチャンスだ」と思ったという。千載一遇のＩＢＭからの提案を逃すわけにはいかない。

ＩＢＭの技術供与は、アルバニーの拠点建設に恩を感じていたケリーから東への恩返しかもしれない。あるいは、アルバニーのおかげで世界にネットワークを広げられた東からケリーへの恩返しだったのかもしれない。

サプライチェーンの要衝になれるか

ラピダスは、カスタムメイドのチップを売る有望な顧客として、グーグルやマイクロソフトなど米国のＧＡＦＡＭに狙いを定めている。膨大なデータを高速で処理するデータセンターが増え、そこに組み込まれる半導体チップの需要が級数的に増えると見ているからだ。

たしかにＣｈａｔＧＰＴをはじめとする生成ＡＩのクラウドサービスは、凄まじい勢いで普及している。21年から10年間で世界のデータ通信量が30倍に増えるとの予測もある。

ＧＡＦＡＭが独自のクラウドサービスを打ち出すためには、自社のためだけの特注品の半導体が要る。とりわけＡＩチップの開発では、水面下で激しい競争が繰り広げられている。

2ナノの微細加工でAIチップをつくる生産力を握れば、日本はサプライチェーンの要衝の一つになれるかもしれない。そう考えると、ラピダスは経済安全保障の戦略としての意味を帯びる。

経産省がラピダス構想に本腰を入れ始めたのは、ロシアがウクライナに侵攻した22年2月からだ。起きるときには戦争は本当に起きる――。台湾の軍事的危機が現実となる恐怖感が、その時、霞が関を覆い始めていた。

それ以前の経産省は、熊本へのTSMC誘致で手一杯だった。東が経産省に構想を持ち込んだ際も、「二兎を追うわけにはいかない」と、あまり乗り気ではなかったようだ。だが、安全保障に関わる案件となると急がなくてはならない。最先端の半導体を日本国内でつくれることが、至上命題となった。東、小池の熱意と経産省の危機感が一体となり、会社設立と予算獲得までのシナリオが一気呵成に進んだ。


この「ラピダス祭り」とも呼べる日本の熱気を、日米以外の第三国から眺めるとどうだろう。台湾の工業技術研究院（ITRI）を訪ねた機会に、幹部に日本のラピダス構想への評価を尋ねてみた。ITRIはTSMCを誕生させた半官半民の研究開発組織である。そしてTSMCとIBMは、必ずしも関係が良好というわけではない。

ITRIの幹部は笑いながらこう言った。

「ラピダスという会社は、要するにIBMの工場でしょう？」

米国には半導体の核心を握り続ける戦略があり、その米国の手のひらの上で日本が踊っている。米軍と自衛隊の関係と同じようなものではないか——。

台湾の目にはそう映るのかもしれない。

ラピダスはＩＢＭの技術を使って、未到の２ナノ半導体の量産に挑む。ＩＢＭはラピダスに対し、技術を「売ってあげた」のか、それとも「買ってもらった」のか……。その問いはコインの裏表にすぎず、どちらも真理だろう。

ただひとつ言えるのは、両社の提携が、米国の安全保障政策、そして日本の安全保障政策と合致しているということだ。

2　東大が仕掛けた起爆剤

いま風が吹いている

当時、慶応大学の教授だった黒田忠広の電話が鳴ったのは、２０１９年３月だった。

「いま風が吹いている」

電話の主はそう言った。東京大学の知人だった。

東大と台湾のＴＳＭＣが組み、次世代の半導体技術を研究する。半世紀にわたって発達してきた技術の枠を超え、産業界を巻き込んでまったく新しいチップを生み出す。そんな機運が高まり、東大の

東京大学・黒田忠広教授（提供：日本経済新聞社）

学内に熱い風が吹いている。慶大から東大に移籍して、プロジェクトを率いる役を引き受けてくれないか――。

東芝で約20年間、半導体の開発に携わり、学会で100本以上の論文を発表していた黒田への誘いだった。国境を越えた産学連携の大構想は、豊富な経験があり快活な指導者である黒田の推進力を必要としていた。

「僕じゃなくてもいいんじゃないですか。僕ならもっと若い人を選びますよ……」

突然の依頼に驚きはしたが、会話のなかにたしかな風を感じた。強靭な半導体産業を築くための設計図は、既に黒田の頭のなかにあった。

「分かりました。やりましょう」

その後に日本の政官界、産業界を覚醒させることになる作戦が、この時、起動した。

ディーラボとラース

東大とＴＳＭＣの連携には伏線がある。東大総長（当時）の五神真が２０１８年末に台北を訪れた際、旧知のＴＳＭＣ創業者のモリス・チャンを訪ねたのがきっかけだった。チャンは「自分はもう引退したから」と、現会長のマーク・リュウを五神に紹介した。

その会談に同席したのが、米スタンフォード大学教授でＴＳＭＣの研究開発部門のトップを兼務するフィリップ・ウォン（黄漢森）である。半導体の未来について語り合ううちに、「東大とＴＳＭＣで一緒に何か面白いことをやろう」という話になった。

五神の動きは速かった。日本に帰国すると同時に、日台連携の枠組みを練り始める。業界の裏方に徹していたＴＳＭＣが、公式に日本の産学界とパイプでつながるのは、初めてのことだ。

慶応大にいた黒田に白羽の矢が立ったのが翌２０１９年の春。黒田は８月に正式に東大に教授として移った。東大で過去最速のスピード人事だったともいわれる。

東大にシステムデザイン研究センター（ｄ．ｌａｂ＝ディーラボ）が発足したのは２０１９年10月。さらに20年８月には先端システム技術研究組合（ＲａａＳ＝ラース）を立ち上げた。

前者のディーラボは、会員制で広く企業を募り、知見を共有しながら、オープン方式で課題を話し合う、いわば研究者の広場である。

半導体を使って何をしたいか、どんなチップをつくるか、そのためにどんな技術が要るか――。学内の電子工学系の各研究室も協力し、会員企業がざっくばらんに議論する。そこから出たアイデアを、ＴＳＭＣがプロトタイプとして製造する。無形を有形に転じる変換回路と考えてもいい。

ＴＳＭＣと組んだ東大の求心力は強い。半導体に直接関係する業界だけでなく、化学、精密機械、通信、ベンチャー企業、そして商社までが関心を寄せ、当初から40社以上の企業が黒田のまわりに集まった。

ディーラボの動きは海外にも伝わり、コンセプトに共感して参加した外国企業もある。次世代の半導体を開発するという共通の目標の下に、それまで互いに縁がなかった異業種の企業が出合い、交わる。

一方、後者のラースでは、個別の企業と東大・ＴＳＭＣが具体的な技術の開発を非公開で進める。核となる企業として、日立製作所、パナソニック、凸版印刷、ミライズテクノロジーズの4社がまず手を挙げた。各社のプロジェクトの中身は企業秘密であり、外部からはもちろん、他の会員企業も見ることはできない。

具体的な製品の開発に狙いを定めた研究開発であるため、億円単位で資金をラースに投じる企業もある。企業はそれぞれの課題を携えて、足音を立てずにラースにやってくる。

数年の開発期間を経て、テーラーメイドの特注チップが生み出されていくだろう。そして、ラースで開発されたチップは、消費者からは見えないところで製品に組み込まれているはずだ。

ラースのメンバーに外国企業はいない。いないというより、入れないと言った方が正確かもしれない。日本の地政学的リスクに関わる国家戦略そのものだからだ。

謎の会社――ミライズ

半導体と電機や、素材のメーカーに交じって、メンバーのなかで異色の存在感を放っているのがミライズという名の会社だ。この社名に馴染みがない方は多いだろう。半導体業界では当初、「謎の会社」と見られていた。

実体は、トヨタ自動車とデンソーである。グループの専用チップを開発する目的で、ラース誕生の直前、２０２０年４月に設立された会社だ。

あまり知られていないが、トヨタとデンソーは、これまでにも半導体を自分で製造してきた。自動車に載る機器を動かすためのパワー半導体や、加速度センサーなど車の五感となるセンサー半導体である。両社は愛知県豊田市、額田郡、岩手県胆沢郡金ケ崎町などに自社の工場を持っている。岩手の工場は２０１２年に富士通から買収したものだ。

だが、機器の頭脳にあたる高度なロジック半導体を製造した経験はなかった。ラースへの参加は、トヨタが半導体の大口ユーザーという高い場所から、自分で半導体をつくるメーカーの立ち位置に下りてきたことを意味する。

トヨタが東大・ＴＳＭＣと一緒に何をしようとしているのかは秘中の秘だ。だが、同社が近未来のビジネスモデルとして、「ＭａａＳ（Mobility as a Service）」を掲げていることを考えれば想像がつく。ＭａａＳとは車のハードウエアではなく、車によって移動すること自体をサービス事業として売る考え方である。これがうまくいけば、トヨタは製造業からサービス業へと変身していくのかもしれない。

たとえば自動運転がある。自動車は高速で走るため、データをいちいち遠方のサーバーに送るのでは間に合わない。道路の交通信号や標識を確認したり、前の車との車間距離を把握したり、ふらふら走る自転車に気をつけたり。あるいは子供が道路に飛び出すこともあるだろう。

視覚センサーがとらえるデータは膨大な量になる。しかも道路の状況は刻一刻と変化し、リアルタイムで地図情報と照らし合わせながら車を操作しなければならない。映像を人間以上の素早さで認識するにはＡＩが要る。

ステアリング、モーター、電池などを正確に動かす機能も備える必要がある。こうした大量のデータを車のなかでローカルに処理しない限り、人間なしでの運転は不可能だ。

そのために必要となる専用のチップをつくれるとしたら、それは誰か。車のすべてを知る自動車メーカー自身以外にはいない。

車載チップは小さく、軽く、そして消費電力が少なくなければならない。自動車のなかで使える電気の量に限りがあるからだ。逆にいえば、自動車メーカーは、専用チップを自分の力で開発しない限り、自動運転にたどり着けない。

23年12月――。トヨタ、日産自動車、ホンダなど12社が、自動運転に使う半導体を開発する新組織「自動車用先端ＳｏＣ技術研究組合」（ＡＳＲＡ）を共同で設立した。半導体を握ることが、日本の自動車産業にとって地政学の戦略であるからに他ならない。

半導体の民主化

ディーラボのセンター長に就いた黒田は、いま「50年に一度の大舞台が回ろうとしている」と語る。

「これまでの半導体ビジネスは安価な汎用チップを大量生産することが王道でしたが、特注で少量生産する専用チップに主役が代わりつつあります。規格化した出来合いのチップを組み合わせるだけでは、社会問題を解決し、未来の社会を築くサービスや機器をつくれません。カギを握るのは社会問題を肌で感じている企業。つまり、これまではチップを使う側にいた企業です」

「ところが、専用チップにはカネも時間もかかる。ユーザー企業が俊敏に設計できるようになるには、コンピューターによる自動設計が欠かせません。ソフトウエアを書くようにプログラミングするだけで、自動的に半導体チップができるようなツールが必要になります」

黒田が掲げているのは、開発の効率を現在の10倍に引き上げるという目標だ。この自動設計ツールさえあれば、半導体の開発は米国や中国などの一部のメーカーの独壇場ではなくなる。さまざまな企業が自前の半導体を自分の手でつくれるようになる。

半導体が社会のインフラであるならば、誰もが半導体の技術にアクセスできなければならないはずだ。黒田はこれを「半導体の民主化」と呼ぶ。これまでの技術の束縛からの解放だ。

こんな逸話がある。日本のある通信キャリアが、試作用のチップの設計を日本の半導体メーカーに頼んだところ、半年から1年かかると言われた。困って中国のメーカーに頼んだら、完璧な図面を2カ月で持ってきた。

まさに第Ⅳ章で紹介した「深圳スピード」である。中国企業にはそれだけの技術があり、無数の設計エンジニアを擁しているということだ。人海戦術の戦いとなると日本はとても太刀打ちできない。中国と対抗するには、やはり自動で動く設計ツールが要る。いわば人に代わって図面を描く設計ロボットだ。

黒田のチームの試算によると、５Ｇ基地局のチップを従来の手法で開発する場合、期間が14カ月、開発費が45億円かかるという。それが自動設計ツールと３次元（３Ｄ）の集積技術を使うと６カ月、

15億円に短縮でき、しかも性能が約2倍になる。

だとすると、民主化を可能にする自動設計ツールを握る企業や国が、近未来の半導体バリューチェーンのチョークポイントを制するのではないか。

設計支援ツールはいまのところ米国の3社による寡占状態であり、これらのツールを使うためには高額のライセンス料を払わなければならない。トランプ政権以来、米国は中国向けの半導体の開発に米国製の設計ツールを使うことを禁じた。ファーウェイは完全にお手上げとなった。

始まった覚醒

日本も米国だけに依存するわけにはいかない。次世代の自動設計ツールのIPを日本企業が持ち、外国の企業に供給する立場になれば、日本の優位性は一気に高まるはずだ。黒田のプロジェクトには、地政学的な変革を起こす起爆力があるかもしれない。

もちろん、世界での競争は厳しく、米国、中国をはじめ世界の企業が次世代の設計ツールの開発にしのぎを削っている。なかでも米国防総省の国防高等研究計画局（ＤＡＲＰＡ）が指揮する米国の研究開発には猛烈な推進力がある。

ＤＡＲＰＡは、１９６０年代末にインターネットの原形となる通信ネットワークを開発した軍の機関である。情報を分散して置いておき、核戦争が起こった場合でも生き残れる通信網を築くのが、そもそものインターネットの発想の原点だった。

そのＤＡＲＰＡの２０２３年末時点の公開資料を読むと、現在は半導体設計ツールを軍事の要となる技術と位置づけていることが分かる。当然、中国でも同様のプロジェクトが進んでいるはずだ。

たしかに日本にはグーグルやアマゾンはいない。極超音速ミサイルやロボット兵器をつくる軍事企業もない。だが、日本は人々の暮らしの質が問われる「課題先進国」ではないか。危機を好機と考えることもできるはずだ。大舞台が回り、次世代の半導体チップが求められるいまは、社会的な課題を多く抱える日本のチャンスではないだろうか。

少子高齢化による生産年齢人口の減少、都市部への人口集中、インフラの老朽化、気候変動による自然災害の増加――。日本が直面する社会問題は、さまざまな分野で半導体の用途を広げるだろう。

東大の黒田のもとには、思いもよらぬ業種の企業から「こんなチップをつくれないでしょうか」と奇抜なアイデアが寄せられているという。黒田の言葉を借りれば、80〜90年代の活力を失ったとされる日本企業も、捨てたものではない。

現場での経験にもとづく半導体のユーザー企業の知見が、日本の半導体技術を押し上げる。産業界の一部で、覚醒は始まっている。

3　自民党が動いた

飛び出した「異次元」

２０２１年５月21日、自民党の議員グループが、半導体をめぐる政策を検討する「半導体戦略推進議員連盟（半導体議連）」を結成した。会長に就いたのは税制調査会長（当時）の甘利明。最高顧問として元首相の安倍晋三（故人）と財務相（当時）の麻生太郎が名を連ねた。この日、自民党本部で開かれた設立総会に参加した議員や秘書は約100人にのぼった。

「半導体戦略は国家の命運をかける戦いになっていく。半導体を制する者は世界を制するといっても過言ではない。日本はこんなもんじゃない。ジャパン・アズ・ナンバーワン・アゲインを目指して先陣を切っていきたい」

甘利はこう語気を強めた。中央に構えた安倍も、前年に首相から退陣した時とは打って変わって、生き生きとした表情でこう語った。

「全産業のチョークポイントとなりうる半導体は、経済安全保障の観点からも見なければならない。一産業政策としてでなく、国家戦略として考える。いままでの補助金の延長線上ではなく、異次元でやらなければならない」

「異次元」という単語が飛び出した。2013年に第2次安倍政権が発足した際、日銀総裁（当時）に就いた黒田東彦が大胆な金融緩和策を打ち出して以来、はやり言葉になった表現だ。安倍は何か大きな仕掛けをするときに、この「異次元」を好んで使う。

うごめく思惑

半導体議連には政策論だけでなく、党内政治の色彩もにじんでいた。

安倍、麻生、甘利の3人は第2次安倍内閣で政権の中枢を担い、当時官房長官だった菅義偉と合わせて、頭文字の「3A＋S」と呼ばれる。そのうちの3Aが揃い踏みしたことで、自民党内には「3

人が組んで党内で主導権を握る動きではないか」と憶測が流れた。

たしかに秋の自民党総裁選を前に、3人の結束を見せる意図があったのかもしれない。不穏な会場内の空気を読んだのだろう。麻生は冗談を交えてこう語り、報道陣を煙に巻いた。

「A、A、A……。なんとなく政局という顔ぶれだから多くの新聞記者が(ここに来て)いるが、(私たちは)半導体の話をしにきたので、(政治記者らの)期待は外れる」

とはいえ同議連は、安倍が属する最大勢力の細田派(現安倍派)と、第2派閥の麻生派が中核を占めていた。幹事長(当時)の二階俊博は参加していない。このため党内には「二階外し」との見方が浮上し、二階を「2F」と読み替えて「3Aと2Fの争いだ」と冗談交じりに語る声も聞こえていた。

前年9月の総裁選では、二階がいち早く菅義偉の支持を表明し、菅政権の擁立に向けた流れをつくった。安倍の細田派と麻生派は乗り遅れ、閣僚人事などをめぐり党内に不満が残った経緯がある。苦い経験を活かし、二階に先んじて3Aが動いた――というのが自民党内でささやかれていた説である。


党内にうごめく思惑はさておき、政治の大きな渦にもまれるようにして半導体の論議が熱を帯びてきたのは事実だ。政治家に知恵をつけたのは、半導体業界のドンとも呼ばれる東京エレクトロン元会長の東哲郎である。東と歩調を合わせて動いたのが経済産業省の官僚たちだった。

この頃、東と経産省は半導体産業復活のシナリオを練っていた。22年11月のラピダス誕生につながる構想だ。だが、政策の議論を深めるだけでなく、実現するには政治の力が要る。そこで、かねて日本の経済安全保障に危機感を抱いていた甘利に話を持ちかけ、自民党内の議論に点火する絵を描いた。

３Ａの側からすれば、結束するための格好の理由が飛び込んできたともいえる。主導権をめぐる政治家の思惑と、半導体戦略を軌道に乗せたい東らの意図が一致して、議員連盟の結成に至った。

目を凝らす中国

この自民党内の動きに遠くから目を凝らしていた者がいる――。中国だ。

３Ａから浮いた格好になった二階は、中国が自民党につながる最も太いパイプである。一方、安倍が所属する細田派は伝統的に台湾と近い。甘利は中国嫌いで知られる。二階と３Ａのぎくしゃくした関係は、中国と台湾の対立と相似形になっていた。

経産省は中国を脅威として敵視し、霞が関のなかでも特に中国に厳しい路線をとっている役所である。その経産省と３Ａの呼吸。そして二階の疎外は、中国にとっては最悪の状況である。

議連の設立趣意書には「供給網と技術の開発・保護などで日米を基軸に連携を強化」と記されている。キーワードは「日米」だ。

バイデンは、２０２１年2月に、半導体サプライチェーンの構築で同盟国との連携を強化するという大統領令に署名。4月にワシントンで開いた菅首相との日米首脳会談の共同声明でも、「日米は半導体を含む機微なサプライチェーンで連携する」と宣言している。半導体での協調は日米の首脳の約束事になっていた。目的は一つ。サプライチェーンからの中国の排除にほかならない。

３Ａが党内で主導権を握れば、日本の安全保障政策は一段と中国排除の方向に加速する。中国が自民党内の動きを警戒したのは当然だろう。

電子業界を総動員

議連の目的は、政府の予算編成に向けて波を起こすことにもあった。重点分野としてメモリー、ロジック、パワーなどを挙げたが、これは必要な政策をリストに並べて整理するためだ。むしろ補助金の規模、投資促進税制、規制改革など具体的な政策をつくり、２０２２年度予算案と税制改正大綱に盛り込むことをうたった点に意味がある。財布の紐を握る財務省を動かさなければならないからだ。

政治の力は大きい。半導体の波動は直ちに広がっていった。議連と足並みを揃えて、業界団体の電子情報技術産業協会（ＪＥＩＴＡ）の半導体部会が、半導体戦略の提言書を経産省に提出した。

「主要国・地域の補助金に比肩する支援を、日本の半導体産業も必要としている」

業界は提言書のなかでこう訴え、補助金を真正面から要求した。この部会には、半導体に関わる約50社の日本企業が加盟している。これも東と経産省のシナリオのうちである。こうして業界全体が動員された。

提言書に記された「主要国・地域」とは、米国、中国、ＥＵを指す。ＥＵは一つの国ではなく、国の集まりだから地域と呼ぶ。要は「米中欧に負けないように補助金をつけてくれ」という意味だ。

同部会の部会長（当時）を務めるキオクシア社長の早坂伸夫は、「半導体産業として社会全体のためにより一層貢献する決意表明であり、そのために日本政府の支援を要請する」とコメントしている。

政府がお金を出さなければ、とても企業だけでは資金を賄えないというおねだりにも聞こえるが、世界各国において半導体産業への補助金が膨れ上がっているのは事実だ。産業政策の是非はともかくとして、その現実に目を背けることはできない。半導体産業を復活させるためには膨大な国のカネが要るのだ。

ギリギリのタイミング

甘利は半導体議連の立ち上げから1カ月後にこう語っている。

「いまがギリギリのタイミングだと思う」

動き出さなければ日本の半導体産業の復興はない、という強い危機感だ。

「データの世紀には半導体の高機能化の競争に勝った国が世界標準を握る。データを抜かれるリスクもあり、外国に依存できない。いままでの競争とは質が違う」

甘利は21年5月の連休中に安倍、麻生に半導体議連の発足を呼びかける長いメールを送ったという。安倍は「乗ります」と、すぐに打ち返した。麻生からも翌日に返信が届いた。麻生は派閥の集まりなどで半導体を話題にすることが多い。半導体が好きなのだ。甘利が何を目指しているのかは、すぐに分かったのだろう。

流れはあっと言う間に自民党内に広がり、「中国に対抗するためには日本の半導体産業を強くしなければならない」という認識がしみ込んでいった。

政官界と産業界の声は出揃った。大規模な政府予算を確保できるかどうか――。残るは財務省の判断である。5兆円以上の補助金を半導体に注ぎ込む米国や中国に対抗するためには、いまの日本の数百億円の予算では到底足りない。

議連立ち上げの記者会見で、安倍は冗談交じりでこうも語っている。

「ここに財務大臣が入っているということは、目的の半分は達したということだ」

財務省の外堀は埋められていた。

4　誘致の収支決算

２０２１年10月14日、台北――。ＴＳＭＣが日本で初となる工場を建設すると発表した。22年に着工し、24年末に量産に入る。この日の夜に記者会見した岸田文雄首相は「経済安全保障に大きく寄与することが期待される」と歓迎し、総額１兆円に及ぶＴＳＭＣの投資を政府として支援する方針を表明した。

このＴＳＭＣの決定に至るまで、日本政府と同社は2年近くにわたり、厳しい交渉を続けていた――。

「まだ諦めていません。決して無理やり引っ張ってくるのではありません。日本に来るメリットがあることを彼らに理解してもらえるよう、いま頑張って交渉しているところです」

２０２０年の6月、経済産業省の幹部はこう語っていた。ＴＳＭＣに日本への工場進出を働きかけ、同社にいったんは保留を告げられた後のことである。これより先の5月には、トランプ政権と台湾当局がＴＳＭＣのアリゾナへの誘致計画を明らかにしている。日本は誘致競争で米国の後塵を拝していた。

「アリゾナにどのレベルの技術を持っていくか。ＴＳＭＣはジレンマに陥り、いま必死に考えているはずです。米政府に要求されれば、出ていかないわけにはいかない。けれども最先端の技術を米国に渡せば、台湾の工場の競争力が落ちてしまう……」

アリゾナ工場が動き出すのは２０２５年である。計画ではＴＳＭＣが既に量産を軌道に乗せている5ナノの技術で生産する。だが、同社は5月にさらに微細な3ナノの生産にも入り、その先の2ナノにもめどをつけている。

稼働する頃にはアリゾナ工場の技術は最先端ではなくなり、ありふれたチップをつくる場所になっているかもしれない。

そこに経産省の期待があった。誘致競争では米国に先を越されたが、より高度な技術を日本に移転してもらえれば、日本の方が地政学的に有利になる可能性はゼロではない。何よりも、最先端の技術を日本の国内に持ってくることが大事だった。米国は日本の同盟国だが、ＴＳＭＣ誘致ではライバルだった。

日本の安全保障のためにＴＳＭＣの技術を手に入れたい。そのために政府として何をすればいいのか――。

米国の3つの武器

経産省の巻き返しが勢いを増したのは、米国が大統領選に沸き始めた頃だ。トランプとバイデンは接戦を繰り広げ、米政府の対外政策が空白になった時期と重なる。

アリゾナ州は伝統的に共和党が強いが、２０２０年の選挙では僅差で民主党のバイデン陣営がリードしていた。同州はメキシコにルーツがある家庭が多く、移民排斥を叫ぶトランプへの反発が強まっていたからだ。

挽回を目指すトランプ陣営は、経済支援策を惜しみなくアリゾナに投下していた。ＴＳＭＣに破格の補助金を注ぎ込んだのは、同州の雇用を視野に入れていた面もある。再選を果たすには、アリゾナを陥落させるわけにはいかない。

経済政策としてのサプライチェーンの強化。安全保障政策としての技術の取り込み。そしてトランプの政治的思惑――。米政府のＴＳＭＣ誘致作戦は、これらが重なり合って熱を帯びていた。これが一時の政治的な熱狂であるならば、大統領選が終われば次第に醒めていくのではないか……。

だが、そんな経産官僚の期待ははかなく散ることになる。選挙に勝ったバイデンは政権を立ち上げるや否やさらに強力な半導体戦略を打ち出し、ＴＳＭＣを取り込む動きを加速させた。米国は本気だった。

バイデン政権はＴＳＭＣに対し、５ナノどころか、３ナノの最先端技術まで移転を求め始めた。経産省は再び次の策の検討に入った。

ＴＳＭＣ誘致に米国が使った武器は３つある。

第１は巨額の補助金。米政府は半導体産業をテコ入れする目的で、５兆円を超える予算枠を確保している。米政府と議会は、外国企業も補助の対象にできる文言を法案に忍び込ませていたのだ。貿易をゆがめる政府助成を禁じたＷＴＯルール違反ぎりぎりの線を攻めている。

この時点で日本政府が用意できていた予算は５００億円にすぎず、米国と２桁も違う。補助金では完全に負けている。

第２の米国の武器は、国内の市場。中国に追い抜かれたとはいえ、米国の半導体の需要は世界全体の約４分の１を占める。巨大なデータセンターを擁するＧＡＦＡＭなどの情報プラットフォーマー、デトロイトの自動車産業、そして半導体を設計する有力なファブレス企業はすべて米国内に揃っている。ＴＳＭＣの売り上げの６割は米国向けだ。

日本の大口需要家といえば自動車と電機業界の一部くらいだろうか。市場の面でも米国に太刀打ちはできない。

３つ目の武器が最も強力だった。台湾に対する「脅し」である。

中国の軍事力から身を守る防波堤となり、経済的なつながりが深いのは米国だ。米国が見放せば、台湾はあっという間に中国に呑み込まれてしまうだろう。米国は「そうなってもいいのか？」と、無言のうちに台湾に問いかけた。台湾当局とＴＳＭＣは、米国の要求を無下に断ることはできない。いや、米国の言うことを聞かないという選択肢は台湾にはなかった。

ＴＳＭＣにとっては、コスト面では米国への進出は得策でないが、経済より政治の力が強かった。

米政府のすごみが工場進出の決定打となった。

日本が台湾を動かせるテコの力は強いとはいえない。友好的な関係にあるとはいえ、台湾企業が日本政府に義理立てしなければならない理由はない。米国との競争で、ここでも日本政府は弱い立場に置かれていた。

2021年5月31日——。経産省はTSMCが日本で国内の材料や装置メーカーと共同で行う先端半導体の研究開発を支援すると発表した。時間的に先に発表したのが台湾のTSMC自身ではなく日本の経産省であったことが、官僚たちの意気込みを物語っている。

これに先立ち、TSMCは3月に「TSMCジャパン3DIC研究開発センター」の設立も決めていた。茨城県つくば市の産業技術総合研究所に検証ラインを設置し、政府の助成を受けて3次元技術の研究に取り組む。

既に2019年には、東大教授の黒田忠広が率いる東大―TSMC連合のプロジェクトが動き始めている。日本での生産はともかく、時間軸が長い研究開発の領域では日本とTSMCの絆は弱くはなかったのだ。第Ⅲ章で紹介した上級副社長のクリフ・ホウがインタビューで語っていたように、日本には次世代の製品の研究拠点としての魅力がある。

遊牧民を守る

たとえば3次元でチップをつくる技術では、日本の研究機関が世界のなかで先行している領域がある。素材と製造装置はその典型だ。

回路を立体的に積み上げて集積度を高めるには、シリコンのウエハーに電子回路を形成した後の「後工程」も重要になる。ウエハーを切断してチップにし、緻密な配線を施し、樹脂で包む作業など、素材や製造機器メーカーの技術を束ねた総合力が問われる。日本が得意とする「すり合わせ」のイノベーションがものをいう分野である。

素材でいえば、ウエハーの生産は信越化学工業とＳＵＭＣＯが有力で、日本の2社だけで世界シェアの約半分を占める。あまり知られていないが、食品会社の味の素は、半導体の素材として欠かせない絶縁材で世界シェアのほぼ１００％を握っている。ＴＳＭＣが次世代の製造技術に挑む際には、日本の優れた素材メーカーの力が必要になるはずだ。

ただし、現時点で素材業界が強いからといって安心はできない。素材メーカーはファウンドリーについて移動するケースが多く、たとえばＴＳＭＣが２０１8年に中国の南京に工場進出した際には、台湾や日本から「随伴投資」が相次いだ。中国のサプライヤーを含めて１００社以上が南京についていったといわれる。

サプライヤーはいわば遊牧民なのだ。食料の源となる牧草があるところに移動していく。

アリゾナにＴＳＭＣの工場ができれば、素材サプライヤーもアリゾナに生産拠点を設けるだろう。日本メーカーも例外ではない。

世界最高峰のウエハーメーカーの地位も必ずしも安泰とはいえない。２０２０年には、ヒヤリとする場面があった。

同年12月、ウエハーで世界3位の台湾の環球晶円（グローバルウェーハズ）が、4位のドイツのシルトロニックに対するTOB（株式公開買い付け）を発表。買収金額は6000億円前後にのぼり、21年3月にTOBは成立した。両社を合わせた売上高はSUMCOを追い抜き、2位に浮上することになった。

ところが、である。日本にとっては幸運だったというべきかもしれない。買収の承認は世界各国で次々と進んだが、最後になってドイツ政府が首を縦に振らなかったのだ。

ドイツ政府は半導体をめぐる地政学的な異変を感じ取っていたのだろう。戦略物資であるウエハーの有力企業を外国の手に渡せないという判断を下した。追い詰められたグローバルウェーハズは22年2月1日、買収を断念したと発表。結果的に日本のSUMCOは世界シェア2位の座を守ることができた。独・台の決別が日本を救った。

素材産業は再編を繰り返してきた下剋上の世界である。顧客であるファウンドリーの動き次第で、いかようにも変容する。だからこそ、経産省としては素材の世界最大のユーザーであるTSMCを国内に招き入れる必要があった。売る相手が近くにいなければ素材産業が空洞化し、半導体王国の復活どころではなくなってしまうからだ。

電光石火

「石油が出ないことが、地政学的な日本の立場を決定的に弱くしてきました。戦略物資である半導体を生産するファウンドリーは、現代の油井です。最先端の技術を追いかけても、日本企業が育つには100年かかるでしょう。足りないものは外国からインプラント（移植）するしかない。TSMCの工場を国内に置くことが、日本にとり死活的に重要だと考えています」

2021年6月、突貫工事で「半導体戦略」を3カ月でまとめたという経産省の幹部が、誘致にかける意気込みを熱く語った。

熱意を裏返せば、そこには経産省の暗黒史がある。半導体産業の衰退を招いた原因の一つは、経産省自身の失策だ。半導体産業を復活させるために、外国企業の力を借りなければならないのが、いまの日本の現実である。しかも、かつて半導体王国だった日本に攻め込んで打ち負かした台湾に、日本の方から頭を下げて頼まなくてはならない。歴史は冷酷だ。

何はともあれ、粘り強い交渉の成果が実り、TSMCが日本に工場を建設する方針を発表したのが10月14日。合弁のパートナーはソニーだった。建設地はソニーが画像センサーを生産している熊本に決まった。

その後の動きは電光石火だった。翌22年の2月にはトヨタ自動車のグループ会社であるデンソーが追従してTSMC熊本工場への出資を決めた。さらに2カ月後の4月には建設に取り掛かり、24年末までに生産を開始すると宣言。総投資額は1兆円を超える。

水面下にもう一つの交渉

ＴＳＭＣの日本進出には伏線がある。誘致を働きかけていたのは経産省だけではなかったのだ。経産省と並行して、水面下で交渉を続けていたのがソニーである。ＴＳＭＣの動きをソニーの視点で見ると、別の景色が見えてくる。

「我々は長いこと静かに潜行して動いていました。うちがＴＳＭＣと水面下で交渉していることを経産省は知らなかったのではないかな」

ソニーのある経営幹部が、誘致の真相を述懐してくれた。

「うちのチップをつくるために、ウエハーが海を越えて行ったり来たりするのは無駄というものでしょう。我々としては彼らが隣にいてくれた方がありがたいし、彼らにしてもお客のそばにいた方が都合がいい」

ソニーは「ＣＭＯＳイメージセンサー」と呼ばれる半導体チップで世界シェアの50％以上を握っている。代表的な用途はスマホのカメラで、全体の売上高の8割を占める。

スマホは新製品が出るたびに、カメラの数が3つ、4つと増えていく。ソニーから見れば、ＣＭＯＳイメージセンサーの需要が3倍、4倍に伸びていくことになる。さらにこれからはＥＶ用のセンサーも増えるだろう。

ソニーは画期的な発明をしていた。光を感じ取って電気信号に変える「画素部」と、その信号をデジタル情報にして画像を生成する「論理回路部」を貼り合わせた2階建ての構造でセンサーをつくる技術だ。このうち上層の画素部は自社で製造しているが、下層の論理回路部の製造は外注している。その外注先がTSMCだった。

2種類のシリコンウエハーをぴったりと重ねて接着するのは至難の業だが、ソニーはその技術開発にも成功した。ところが、2つのウエハーが別々の場所で生産されている。TSMCの工場が近接していれば、珠玉の技術を日本の国内で守りながら、効率よく生産できるはずだ……。

「ソニーはビジネスの論理で、経産省は経済安保の論理で動いていました。同床異夢ではなくて、異床同夢とでも言うのかな。TSMCに来てもらいたいという点で、交渉の目的は同じでした。TSMCは熊本進出を決めかねていたのでしょうが、日本政府がお金を出してくれるなら行きましょう、ということになった」

どうやら2筋のTSMCとの交渉が合流し、熊本進出に至ったというのが真相らしい。そう考えれば、熊本に設けるTSMC子会社へのソニーの出資と日本政府の補助金が、ほぼ同時に決まったことに合点がいく。

チョークポイント熊本

政府の観点で見れば、世界に唯一無二のソニーの画像センサーが国内で生産されることが、日本の安全保障を高める決定的な要素になる。ソニーとTSMCが一体化すれば、熊本が半導体サプライチェーンの一つのチョークポイントになる。

経産省が是が非でもＴＳＭＣに来てもらいたい理由が、ここにあった。

問題はカネである。ＴＳＭＣの工場の建設費をどこまで政府が負担するか。仮に1兆円の投資を10年で償却するとすれば、年間に１０００億円の計算となる。その半分を政府が負担するとすれば、最低でも年間５００億円の予算が必要になる。

しかもＴＳＭＣの場合、10年もかけず5～6年で償却を終えてしまうといわれている。実際の投資が2兆円、3兆円と膨れ上がる可能性もあった。そうだとしたら日本政府の財政負担は半端ではない。基本合意に達した後も、負担の割合をめぐりＴＳＭＣと経産省の条件交渉がぎりぎりまで続いた。

経産省は、ＴＳＭＣが償却後の利益を再投資に回す際に、日本での生産力の増強に振り向けることも期待していた。生命力が強い竹林のようにＴＳＭＣの工場が周囲に広がっていけば、ファウンドリーを核とする一大エコシステムを築くことができるはずだ。

21年6月18日――。当時の菅義偉政権で初めてとなる「経済財政運営と改革の基本方針（骨太の方針）」と「成長戦略」が閣議決定された。

デジタル化や脱炭素など4分野に重点を置き、半導体を戦略物資と位置づけた。サプライチェーンの強化に集中投資する政府の方針が、ここではっきりと定められた。

成長戦略には、経済安全保障の観点から半導体の製造拠点を誘致する目標を盛り込んだ。米国や台湾の有力メーカーと日本企業の連携を後押しする方向も決まった。

菅の後を継ぎ10月4日に首相に就任した岸田文雄は、新内閣に経済安全保障を担当する大臣ポストを新設。自民党の幹事長に就いた甘利明を実務面で支えてきた小林鷹之を指名した。小林は、地政学の観点から、半導体サプライチェーン強化策を指揮することになる。

さらに12月20日には関連法の改正法が参院本会議で可決、成立し、日本企業だけでなく、日本国内で生産すれば外国企業にも補助金を支給できる法的な枠組みができた。同じ日に成立した21年度補正予算には、６１７０億円にのぼる半導体の国内生産への補助金が確定。ＴＳＭＣには熊本工場の建設費の半分にあたる４７６０億円が支給されることになった。

だが、これは序の口にすぎない。政府はやがて22年度補正予算で４５００億円を積み増し、さらには23年度補正予算で１兆８６００億円を計上することになる。ＴＳＭＣが熊本に建設を計画している第２の工場への助成はこの予算で賄われる。

当初経産省が要求していた３兆４０００億円から減額とはなったが、半導体への補助金は、もはや「兆」の単位が当たり前になった。わずか３年前までは「百億」の単位で予算が組まれていたことを考えると、驚異的な伸びだ。

これを「半導体が補助金漬けの産業になる」と批判する声もある。たしかに経済学の教科書には、企業の競争力は市場によって鍛えられるという原理が書いてある。だが、世界を見渡せば、2022年の時点で米国では7兆円、EUもほぼ同水準、中国では10兆円の規模で政府から支援が施されている。競争は「兆」の補助金で起きている。

良い悪いは別にして、日本政府としては負けるわけにはいかない。半導体への補助金は経済政策ではない。安全保障政策だからだ。

岸田が自民党総裁選で公約として掲げた「経済安全保障推進法」は、22年の通常国会に提出され、同年5月に成立した。政府が指定した「特定重要物資」の開発、生産、供給を担う企業は、さまざまな支援策を受けられるようになった。逆に言えば、企業に対する政府のコントロール力は高まった。もちろん半導体は「特定重要物資」の筆頭に挙げられている。半導体が法律で囲われていった。

5　光と電子を混ぜる

光トランジスター誕生

NTT物性科学基礎研究所の納富雅也は、達成感と驚きが入り混じった奇妙な気分を味わっていた。光信号と電気信号を組み合わせた「光論理ゲート」の動作を、チームの若手が確認したときである。これまで多くの研究者がたどり着けなかった発明だった。

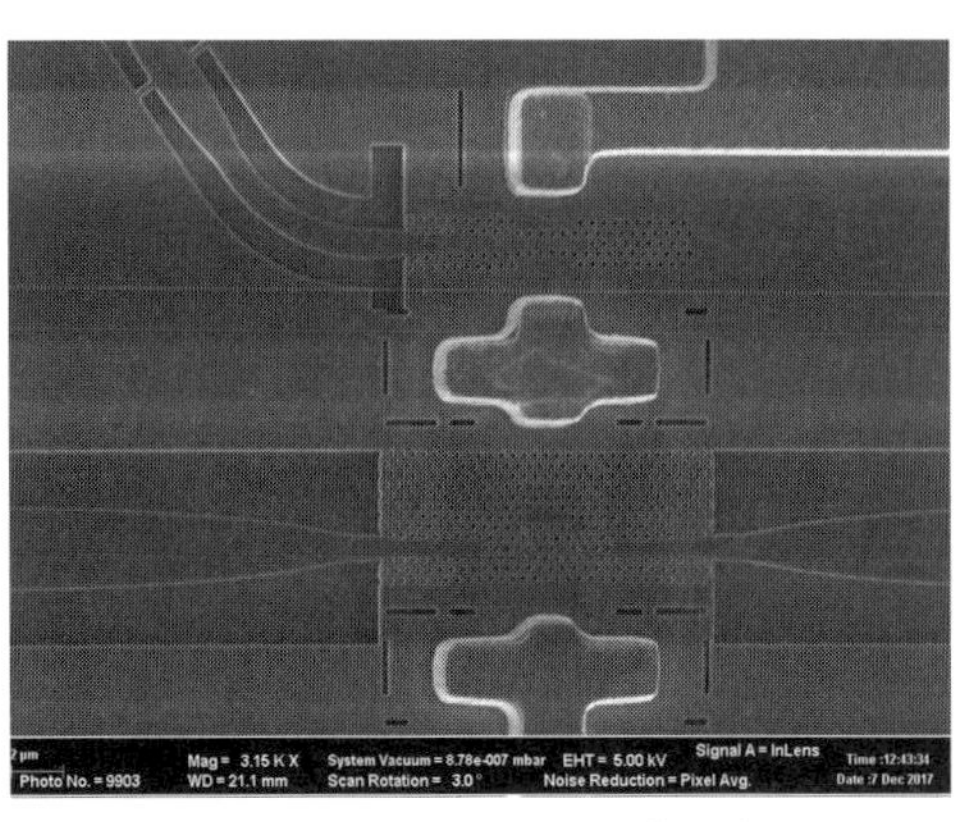

NTTが開発した光トランジスターの電子顕微鏡写真
（提供：NTT）

「これはもしかしたら、ものすごいものができてしまったのかもしれない……」

２０２０年3月、納富のチームが一連の研究にもとづく成果を発表すると、世界の学界に衝撃が広がった。

ＮＴＴで研究開発部門を率いる常務（当時）の川添雄彦は、この光電融合素子が「すべての始まりだった」と語る。

研究チームが開発したのは、電気と同じ動作をする光のトランジスターやスイッチである。電子回路は電気の流れで信号を処理するが、この技術を使えば電気の代わりに光で動く超高速の半導体チップをつくれる可能性がある。銅でできた電線より光ファイバーの方が圧倒的に速いのと同じ原理だ。しかも光を使えば発熱が少なく、エネルギーの無駄がない。

ＮＴＴのＩＯＷＮ（Innovative Optical and Wireless Network＝アイオン）構想は、こうして生まれた。電気ではなく光で情報処理する世界を築き、デジタル技術を丸ごと塗り替える——。社長（当時）の澤田純の号令の下、旧電電公社の巨艦が動き出した。

考えてみれば、私たちはこれまで電気に縛られてきたのかもしれない。たとえば大きな画像をメールで送るときにファイルを圧縮するが、これは一度に送れる情報の量に限りがあるからだ。また、半導体チップに微細な回路を詰め込むのは、チップ内部での電流の移動距離を短くするためである。

これらは、いわば電気の側の都合であり、コンピューターがうまく仕事ができるように、人間の側が知恵を絞らなくてはならなかった。よくよく考えれば、本末転倒ではないか。

常務の川添がよく使うたとえが、海に生息するシャコの視覚だ。人間の目は赤、青、黄の3原色だけに反応し、脳のなかで3色を合成することでさまざまな色として認識するが、シャコの目には12種類の波長を識別する受容細胞がある。

目から得られる情報量は人間よりシャコの方が圧倒的に多く、それだけ脳の機能は単純になる。人間の場合は、脳が情報処理で忙しいため、知恵熱も出るし、時にはパンクすることもある。シャコは人間より豊かな景色を見ながら、悩むことなく暮らしているのかもしれない。

脳で難しいことを考えないので、脳内の信号の扱いに遅延が生じない。12色に体が直接反応し、獲物を素早く捕る動作ができる。

捕食という価値観の下で、シャコは生存競争の末に、生物界最強の目を獲得した。

では、人間の価値観とは何だろう――。

これまでデジタル技術は、必要な情報だけを残して、あとは省くことで成り立っていた。光電融合の技術を発展させれば、アナログの自然界を丸ごととらえて情報として処理する道が開ける。

電気だけではできなかった、高速、大容量、省エネルギーのデジタル社会も夢ではない。そこに人間にとって新しい価値を生み出せるのではないか……。

通信会社であるＮＴＴは、もともと光の技術が強かった。これまでは光は通信の手段であり、情報処理は電気の仕事だという通念がある。だが、その壁を光電融合技術が破るかもしれない。

コンピューター同士をつなぐ回線に使われている光ファイバーは、光を電気に変換する素子を小型化することで、半導体チップの入り口と出口までたどり着いている。

光電融合素子の発明によって、今度はさらに光がチップの中にまで入り込む。電気に代わってチップのなかを光が走り回る――。

ＮＴＴは構想の目標を２０３０年に据えた。それまでに光電融合技術を使って何らかの製品、サービスを世の中に送り出し、光の世界が夢ではないことを示したい。企業である以上、研究開発で成果を上げ、大きな社会構想を描くだけでなく、カネを稼ぐビジネスに仕上げなければならない。

経営が動いた。２０２０年6月にＮＥＣに出資して、同社の第3位の株主となった。21年4月には子会社を通して富士通と資本提携した。通信事業者であるＮＴＴが、モノづくりの領域に下りていき、実体のある製品・サービスにつなげる布石である。20年9月には、4兆３０００億円を投じてグループの稼ぎ頭であるＮＴＴドコモを完全子会社化すると発表し、収益の基盤を強くした。

社長の澤田純は「ＧＡＦＡＭがライバル」と語るが、ＧＡＦＡＭと規模を競うという意味ではない。電気から光へとゲームチェンジを仕掛け、ＧＡＦＡＭが支配するデータ社会のあり方を質的に変えるのが真意である。

世界でただ一国、日本が光電融合素子を生産できる国になれば、日本は半導体バリューチェーンの新たな要衝となるだろう。ＮＴＴの技術には、半導体の地政学の地図を塗り替える潜在力がある。

そのためには、日本の国内に工場がなければならない。ＮＴＴがメーカーである富士通と組む理由が、ここにある。日本の安全保障だ。

インターネットの殻を破る

光電融合技術は、新しい半導体チップをつくるだけではない。この技術でインターネットの仕組み自体が変わる可能性がある。

そもそもインターネットは誰がつくり、誰が運営しているのか——。私たちはインターネットを所与のインフラとして、疑うことなく毎日使っているが、実は技術的には限界に近づいている。

「ＩＰアドレス」という言葉を耳にしたことがあるだろう。個々の情報端末にＩＰアドレスという住所を割り当て、これを宛先や送り主の名札として使うのが、現在のインターネットの仕組みだ。もとは、通信の物理的な制約が大きかった１９８０年代に、米国の国防総省が中心となって開発した軍事技術である。

だが住所の番地の数には限りがある。パッチワークのように後から工夫を重ねてなんとかしのいではいるが、データ流通が爆発的に伸び続ければ、いずれ必ずパイプのどこかが詰まるときがくる。

インターネットのおかげで、人々は国境を越えて自由に情報をやり取りできるようになった。それがいままでは逆に、インターネット自体がボトルネックになっているのだ。

誰もに平等な情報化の恩恵をもたらし、技術の面で自由と民主主義の進展を支えてきたが、これから先は公平性が薄れ、むしろ民主主義を阻む壁になる日が来るのではないだろうか。そうなれば、IPアドレスを配分する者が権力を握る。姿が見えないインターネットには、そんな恐ろしい側面がある。

125倍の伝送容量、100分の1の電力消費を目標にするIOWNの構想が実用化すれば、米国が築いたインターネットの殻を破ることができるかもしれない。研究所の納富のチームが10年以上の歳月をかけて生み出した光電融合素子は、それだけの破壊力を秘めている。

NTTは2019年10月に「IOWNグローバル・フォーラム」を立ち上げた。世界各国のデジタル企業と連携する枠組みを設け、米国のデラウェア州で法人として登記した。NTT一社ではインターネットを変革することなど到底できないからだ。世界を変えるには、まず仲間づくりから始めなければならない。日本では、アンテナが高いソニーがまず仲間に入った。

米国からはインテルが中核メンバーとして参加し、マイクロソフト、デルなどの主要なデジタル企業も続々と集まってきた。ただし中国企業は入っていない。

NTTが最も気にしているのは中国との関係だった。米国で登記したのは、米国の法律で守られながら、仲間づくりを進めるためである。それまでの日本の法律では、中国企業が参加したいと言えば断ることはできなかった。

構想の土台となったNTTの光電融合素子は、日本の安全保障に関わる戦略的に機微な技術だ。この素子をつくれるのは、今のところ世界でＮＴＴだけである。日本が世界を揺り動かすことはできるだろうか——。

光の世界を実現するには、何兆円もかかるであろう開発資金を調達し、インターネットの始祖である米国の同意を取りつけて巻き込まなければならない。開発が進めば、やがてその先に現れるのは、技術をめぐる国際政治の荒波である。

その壁の高さもまた計り知れない。

column

パワー半導体は化けるか

パワー半導体は、文字通り力仕事をする部品だ。電圧が高い電流を電子機器に流し込む役割を担う。演算するロジック、記憶するメモリーと並んで、第3の半導体の分野である。

日本の半導体産業は衰えたものの、この分野ではローム、三菱電機、富士電機、東芝、ルネサスエレクトロニクスなどが健闘している。日本の「最後の砦」として、半導体産業再建の柱となるとの期待がある。

パワー半導体の中身はガテン系の構造で、太い電流が力強く突き抜けていくイメージだ。メモリーなどと比べて一回り大きく、弁当箱ほどの大きさのものまである。

使われる分野は幅広く、代表例は自動車である。ここに日本企業の商機がある。EVが主流となれば、パワー半導体の需要が大きく伸びるのは間違いない。

日本は半導体大国の地位を韓国や台湾に譲り渡したが、自動車ではアジアの王座にいる。車載用チップの需要が日本国内にあることが、パワー半導体のメーカーに有利に働くはずだ。

2020年のパワー半導体の世界市場規模は3兆円弱だったが、30年には4兆円以上に増えるとの予測がある。企業の市場シェアを見ると、現在の首位はドイツのインフィニオンテクノロジーズだ。ロジックやメモリーが弱くてもパワー半導体が強いのは、いかにも製造業大国のドイツらしい。

2位は米国のオン・セミコンダクター。スイスに拠点を置くSTマイクロエレクトロニクスも強い。日本企業のライバルは多い。

しかし、パワー半導体のなかでも「次世代型」と呼ばれるタイプのシェアを見ると、日本企業のシェアが大きいことが分かる。次世代型は、単結晶のシリコンではなく、シリコンカーバイド（炭化ケイ素＝ＳｉＣ）やガリウムナイトライド（窒化ガリウム＝ＧａＮ）などの化合物を使う。

これらの素材は電子の移動速度がシリコンよりはるかに速く、チップが高速で動作する。ＥＶのテスラが化合物の車載チップを採用したのを契機に、一気に注目度が高まった。

いまのところ製造コストが高いが、世界の半導体メーカーは投資を競い始めている。ルノーもＳＴマイクロとの提携を２０２１年６月に発表、26年からの量産を目指す。インフィニオンは50億ユーロを投じて新工場をドレスデンに立ち上げる。同社はマレーシアでも70億ドルをかけて工場を建設中だ。

日本勢もミネベアミツミが２０２１年６月にオムロンのパワー半導体工場を買収すると発表、住友電工は同年９月から米国で量産を始めた。

23年10月にはデンソーと三菱電機が、炭化ケイ素のウエハーを製造する米国コヒレントに約10億ドル（約１５００億円）を出資すると決めた。三菱電機は11月にも、オランダの半導体メーカーであるネクスペリアと炭化ケイ素のチップを共同開発すると発表した。

さらに12月には、東芝とロームが共同生産を発表。事業総額は約４０００億円に上り、このうち政府が１０００億円以上を補助する。

中国企業の旺盛な設備投資も目立っている。世界最大手のＥＶメーカーである比亜迪（ＢＹＤ）は、自前でパワー半導体を生産することで急成長した。

次世代型パワー半導体のメーカーは、ＥＶを量産する自動車メーカーに引き寄せられる形で生産拠点を選ぶだろう。日本の半導体メーカーも例外ではない。吸引力があるのは米国、ドイツ、中国だ。日本のＥＶ開発はどうだろう。

中国は産業政策の大全といえる「中国製造２０２５」で、パワー半導体の強化を目標に挙げ、特に炭化ケイ素のウエハー、チップの開発を重点技術として盛り込んだ。2021年時点で少なくとも10社が、表面に高品質な薄膜を形成するエピウエハーの量産を始めているとみられる。中国国内の製造装置メーカーからの調達や、日本からの中古品の輸入による設備投資が目立つ。販売先としてはやはり自動車分野が多いようだ。

国家安全保障の観点で見れば、次世代パワー半導体の生産地は、日本国内に確保したいところだ。技術開発で健闘しているとはいえ、ライバルとの競争は激化する一方である。

EVが普及し、半導体チップがモノを動かす分野が広がるほど、戦略物資としてのパワー半導体の価値は間違いなく高まるだろう。世界中の企業がこの分野の研究開発、設備投資に巨額の資金を注ぎ始めている。各国の政府は既にテコ入れに大きく動き始めた。

日本の「最後の砦」が必ずしも未来永劫、強固であるとは限らない。

VII

隠れた主役

富岳の半導体チップ「A64FX」(提供：富士通)

1　官邸で車座

半導体サミットの深層

1人、2人、3人……。広島で開いたG7サミットの前日2023年5月18日、永田町の首相官邸に次々と到着する外国人の姿があった。

TSMC会長の劉徳音（マーク・リュウ）、インテルCEOのパット・ゲルシンガー、マイクロンCEOのサンジェイ・メロトラ、サムスン電子のCEO慶桂顕（キョン・ゲヒョン）、アプライド マテリアルズ半導体部門の社長プラブ・ラジャ……。世界の半導体トップ企業の重鎮たちである。

岸田首相との車座の会合は、当日まで秘され、各社のCEOらは隠密で来日していた。日本政府は首相との電撃的な会合を演出し、世間を驚かせたかったのだろう。これほどの面々が一堂に会する場面は今までに見たことがない。全員が並んで撮った記念写真は、たしかに壮観だ。

政府は米台韓欧を代表する企業を説得し、多忙な経営者たちに無理を頼んで訪日の時間を割いてもらった。G7の議長国の役目は7年に一度しか回ってこない。広島サミットは半導体をめぐり日本の存在感を内外に示す絶好のチャンスだった。

一方、企業の側にも岸田と会うべき理由があった。日本の国内に投資して工場や研究施設を設ければ、補助金や優遇税制などで日本政府に厚遇してもらえるかもしれない。現に熊本に進出した台湾のＴＳＭＣと、広島に工場がある米国のマイクロンは、巨額の補助金を手にしているではないか。

この2社に倣わない手はない。折しもの円安。いまこそが日本に乗り込む時だ。各社は日本への投資拡大を経営戦略に組み入れていた。

会合の後に岸田は記者団にこう語った。

「本日は、半導体やコンピューティングに関する海外トップ企業のみなさま方から、日本企業と連携した投資、あるいは次世代半導体開発への協力、こうしたことにつきましてご説明いただきました。貴重なお話を聞かせていただきましたことに、心から感謝申し上げます」

だが、この部分は会談の意味の半分しか表していない。企業の側から岸田に「説明」しただけでなく、岸田の側も対日投資への「期待」を伝えたからだ。いや、期待というより依頼というべきかもしれない。

会談は大きなテーブルを置いた会議室で開かれた。ＣＥＯたちの側から見て岸田の左に座ったのが官房副長官の木原誠二。木原は妻の元夫の死亡をめぐる週刊誌報道を受けて、後に辞任することになる。だが、この時期には、岸田の最側近として官邸で権勢を振るっていた。ギョロリとした目で訪問者のＣＥＯたちをにらみつけるかのような表情だ。補助金を求める企業の陳情を「聴取する」という気持ちがあったのだろうか。

対照的に、岸田の右側に座った経産相の西村康稔は、身を乗り出してＣＥＯに語りかけるような様子だった。こちらは何としても日本に来てほしいという外国企業に対する願望の表れだといえる。たとえ外国企業であろうとも、日本の国内で生産や研究開発をしてくれるのであれば、政府として支援を惜しまない。日本の経済安全保障を高めるには、外国企業の対内投資が欠かせない。西村はそう考えていたに違いない。

木原と西村のどちらかが正しいというわけではない。外国企業は日本政府からの優遇を受けたい。日本政府は外国企業に来てほしい。両方とも真実だ。どちらの側にも与えるものがあり、どちらの側にももらいたいものがある。日本政府と外国企業、それぞれの期待が交じり合った官邸での半導体サミットは、日本の立ち位置を象徴的に表していた。

インテルの計算

では、企業の目には岸田の姿はどう映っていたのだろう。岸田の真正面に座ったサムスン電子CEOの慶の姿が印象的だった。慶は居ずまいを正し、背筋を伸ばして岸田の言葉に耳を傾けていた。サムスンはこの時点で神奈川に研究開発の拠点を置き、次世代の半導体チップを開発する試作ラインを新設することを決めている。投資額は300億円から500億円にのぼるとみられる。このうち100億円以上を日本政府が支援するとささやかれていた。サムスンと日本政府のディールは、官邸での会合の際には既に実行段階に移っていたということだ。

一方、半導体で世界の雄であるインテルのCEOゲルシンガーは、複雑な表情をしているように見えた。同社は日本の半導体工場の買収計画を進めてきたが、ここにきて雲行きが怪しくなっていたからだ。

インテルはイスラエルの半導体メーカー、タワーセミコンダクターを傘下に収めることで2022年2月に同社と合意していた。買収金額は約54億ドルにのぼる。円に換算すると8100億円を超える大型買収である。

タワーのビジネスモデルは、規模こそ異なれTSMCと同じような半導体を受託製造するファウンドリーである。そのタワーは、実は日本国内に2つの生産拠点を持っている。かつてはパナソニックのものだった富山県の魚津市と砺波市の工場だ。

日本の半導体産業が凋落した時期、多くのメーカーが外国企業に半導体事業を売り渡した。パナソニックも例外ではない。2つの工場は2013年にパナソニックからタワーに譲渡され、いまそれをインテルが手にしようとしている。

インテルはゲルシンガーCEOの決断で、自己完結型のビジネスモデルを軌道修正し、他社から受託製造もするファウンドリー事業に大きく舵を切っていた。

日本国内に製造拠点を持ちたいのは、自動車メーカーという巨大な顧客がいるからだ。自動車には一台あたり数十個、高級車では百個の単位で半導体チップが使われているという。自動車の生産台数といえば、トヨタ自動車一社だけを見ても2023年9月の時点で累計3億台。このうち半分以上が日本国内で製造されている。日産、ホンダ、マツダ、スズキなどと合わせれば、とてつもない数の車載用チップの需要が日本にある。

これからEVが普及すれば、さらに大きな市場が生まれるだろう。パナソニックの技術の流れを汲むタワーの工場を手中に収めれば、車載用チップの市場で日本のトップに立てる。ゲルシンガーはそんな皮算用をしていたはずだ。

頓挫の陰に中国

インテルとタワーの話し合いはとんとん拍子に進んでいるかに見えたが、合意から一年半後の2023年8月になってタワーが一方的に買収契約を解除することになる。この結果、インテルは3億5300万ドルもの違約金をタワーに支払う羽目に陥った。タワーの声明によると「必要な規制当局の承認についてインテル側から何の返答も得られなかった」のが破談の理由だ。

ゲルシンガーが官邸に呼ばれて岸田に会ったのは、買収計画が頓挫する3カ月前。計画の先行きには既に暗雲が垂れ込めていたはずだ。ゲルシンガーの表情がさえなかったのは、日本への進出が思い通りにいかないいら立ちがあったのではないだろうか。

インテルが日本進出に失敗した本当の理由……。影の主役は中国である。

壁は中国の独占禁止法にあった。市場が特定の企業に支配される恐れがないかを調査する中国の独占禁止委員会が、インテルの計画が不当であると判断し、同社に買収を認めないと通告したとみられている。買収される側のタワーは、中国を名指しこそしなかったが、声明に記した「必要な規制当局の承認」とは中国の独禁当局の承認にほかならない。

日本を舞台とする米国とイスラエルの会社の買収案件に、第三国である中国が、なぜ口を挟めるのか。その仕組みには若干の説明が必要かもしれない。

特定の企業が市場を独占すれば、価格やサプライチェーンを支配する力を握ることになる。そうならないように健全に市場原理を機能させるのが、いわゆる競争政策。つまり独占禁止の考え方だ。土台となる法律の名前は国によってさまざまで、日本では独占禁止法、米国では反トラスト法と呼ぶ。

中国は建前のうえでは共産主義の国だが、２００７年に独占禁止法を公布し、その後、改定を重ねて市場調査や執行機関の力を拡充してきた。

もちろん中国の独禁当局が目を光らせ、法を執行できる範囲は、中国の国内市場に限られる。しかし、中国に製品を輸出する企業が中国の市場で独占的な地位に立つことは決して許さない。

仮にインテルが中国の独禁当局の判断を無視してタワーを買収すれば、どうなっただろう。インテルは一個たりとも中国で半導体を売れなくなるはずだ。

一方、企業にとっては中国の市場を失うという選択肢はありえない。つまり中国は、外国企業同士の買収や合併であろうと、それを差し止める事実上の拒否権を握っている。

おそらくインテルは中国政府との交渉に失敗した。見返りとなる中国への〝お土産〟を用意できなかったからだという見方もある。中国はインテルによる市場支配を恐れていたのか、あるいは日本、米国、イスラエルが半導体を通して連携するのを阻止しようとしたのか……。

日本は投資に値する場所か

23年5月18日、昼。米欧韓台の企業のCEOたちは官邸を出ると、来た時と同じように姿を消し、何事もなかったかのように自分の国に帰っていった。この会談に関する企業の発表やコメントは報じられていない。

沈黙のなかでCEOたちは何を見たのか。日本が投資に値する場所であるかどうかを、自分の目で見極めたはずだ。

米国の同盟国である日本は、台湾のように中国に侵攻されるリスクが少ない。日本列島は企業にとっては安全な場所だ。中国と経済的に相互依存の関係はあるが、その度合いは韓国ほど大きくはない。

半導体の黄金時代の遺産である工場や技術もここにある。

東京エレクトロンやアドバンテスト、SCREENなど有力な製造機器メーカーもある。シリコンウエハーで世界1位の信越化学、2位のSUMCO、多結晶シリコンのトクヤマ、超高純度の金属材料をつくるJX金属など、素材メーカーが集中している。大学では次世代の半導体開発につながる基礎研究も進んでいる。

しかも円安で投資額は低く抑えられる。技術者の賃金も安い。おまけに日本政府から補助金ももらえる。願ったりかなったりではないか。

日本は現代の戦略物資である半導体を生産する場所にふさわしい――。CEOたちは投資先としての日本の魅力を感じたに違いない。

だが同時に、顔色がさえないゲルシンガーの様子を見て、日本のすぐ隣にそびえ立つ中国の影に恐怖感も抱いたのではないだろうか。サムスンが神奈川に研究開発拠点を置く程度なら問題は起きないが、インテルのように製品の大量生産を目論めば、中国は直ちに牙をむいてくる。東京には中国が放つ妖気が漂っていた。

中国は軍事力だけでなく、独占禁止法という最終破壊兵器を持っていた。２００７年から駆け足で独禁法の国内法制を築いてきた理由の一つは、第三国での合併・買収に法的に「ノー」と言える拒否権を握るためだったのかもしれない。外から見える形で法律をつくれば、恣意的ではなく透明なルールに照らした判断だと言って買収案件を阻止できるからだ。中国の独占禁止法――。それは伝統的な地政学の死角だった。

日本の国力につながる半導体の技術を、さらに探していこう。サイバー空間の勢力図を左右する戦略物資が、意外なところに隠れている――。

2　ウエスタンデジタルの深謀遠慮

キオクシア騒動

２０２３年10月は日本のメモリーメーカー、キオクシアが大揺れに揺れた月だった。同社と提携関係にあり、同時に同業ライバルでもある米国のウエスタンデジタルが、キオクシアとの経営統合を目指して激しい攻勢をかけた。世界市場でシェア2位のキオクシアと4位のウエスタンデジタルが合体すれば、首位のサムスン電子に並びメモリー業界の主役に躍り出る。

この統合が実現すれば、世界の電子産業の歴史的な一幕になるはずだった。米バイデン政権が打ち出した安全保障政策の一環として、日米半導体協力の柱となるプロジェクトだ。戦略物資の半導体で日米の企業が手を組むことで、地政学の世界地図は塗り替えられていたかもしれない。だが、多くの関係者の利害が絡み合う交渉は、複雑骨折を起こして頓挫した。事の顚末は後に紹介するが、まずはそもそも何が問題だったのかを振り返ってみよう。

物語のはじまりは２０２１年5月。時計の針を2年半前に戻そう——。

世界で最も成功した合併事業

「私たちとキオクシアの20年にわたるパートナーシップは、世界で最も成功した合弁事業の一つです。

それは間違いありません」

米ウエスタンデジタルのCEO、デイビッド・ゲクラーはインタビューの冒頭から、いきなり熱弁を振るい始めた。

「私たちは共同で巨額の投資をして経験を積み上げ、共同でエンジニアを育ててきました。その専門的なノウハウの集成が、世界にとって決定的に重要な技術革新を生み出してきたのです」

ウエスタンデジタルCEOデイビッド・ゲクラー
（提供：ウエスタンデジタル）

ゲクラーが語るのは、NAND型フラッシュメモリーと呼ばれる半導体素子についてだ。キオクシアは、東芝から分離して発足した日本の最大手メーカーである。

一方、ウエスタンデジタルもメモリーの大手で、米国のIT産業の勃興期だった1970年に創業した。本社はカリフォルニア州のシリコンバレーにある。初期にはハードディスクの生産で成長したが、2016年にメモリー機器の大手、サンディスクを買収して、本格的に半導体の世界に参入した。

ゲクラーがCEOとして迎え入れられたのは2020年3月。それまではインターネット用機器の世界最大手であるシスコシステムズの上級副社長として、同社のネットワーク事業、セキュリティ事業を統括してきた。

シスコの本社もシリコンバレーにある。この地で経験が長いゲクラーは、米国のIT業界の顔の一人として知られる。太平洋を隔てたオンラインによるインタビューは、ゲクラーがウエスタンデジタルに移籍してから1年が過ぎた2021年5月に行った。

「合弁事業へのこれまでの投資額は350億ドルにのぼります。私たちは四日市と北上の工場を一緒に築いてきました。ウエスタンデジタルとキオクシアの2社の世界市場シェアを合わせると、現時点で首位の韓国のサムスン電子をわずかに上回り、世界で最大になります」

口調は次第に加速していった。ものすごい熱量だ。

日本に伝えたいことがある

ゲクラーが単独インタビューをしてほしいと打診してきたのは、2021年の4月のことだった。仲介してくれたのは、長年の友人でワシントンの政界に精通する元議会スタッフである。先方から話を持ちかけてくるのだから、日本メディアを通して発信したいメッセージがあるに違いない。

折しもこの時期、米国の半導体メーカーが日本のキオクシアを買収するという噂が駆けめぐっていた。同社は前年に東京証券取引所に上場する計画を21年秋に延期し、その後は沈黙を守っている。ゲクラーが日本に伝えたいのは、そのキオクシア買収をめぐる意思であるのは明らかだった。

「デイビッドと呼んでくださいね」。回線がつながり、ゲクラーは親しげに話し始めていた。堅苦しさを嫌うカリフォルニアの流儀なのか、それとも打ち解けた雰囲気をつくりたいのか。いずれにせよ、ゲクラーは「感じがいい」人物だった。

それでも日本の経済記者として聞きたいことは決まっている。ウエスタンデジタルによるキオクシア買収について、率直に真偽を聞いた。

買収する考えはありますか。キオクシアの株主と交渉していますか。提携関係を発展させるために、どんな道を進みますか。マイクロンなど第3の半導体メーカーと組んでキオクシアと事業統合する可能性はありますか――。

手を替え品を替え質問したものの、返答は「M&A戦略については一切話せません」の一点張り。「きょうは何でも聞いてください」と会話が始まっただけに、いささかがっかりした。

真の狙いは考えてみれば当然である。秘密裡に進める企業買収について、当事者である経営者がぺらぺらと喋れるはずもない。たとえ買収交渉が進んでいたとしても、法的な守秘義務があるだろう。むしろ肝心なことは、なぜこの時期にゲクラーの側から日本の記者にインタビューを受けたいと申し入れてきたかである。

ゲクラーは約40分間にわたる会話のほとんどを、これまでのウエスタンデジタルとキオクシアの提携関係がどれほど重要であるかという説明に費やした。

「両社の提携の価値は計り知れません」

「キオクシア社長の早坂伸夫さんとは毎週のようにズームで対話し、固い信頼関係で結ばれています」

「経営レベルだけでなく両社の技術者は毎日、手に手を携えて働いています」

「合弁事業は今後も末永く続くと信じています」――。

米中対立の影響や需要の見通しなど、他にも聞きたいことは山ほどあったが、話題は広がらなかった。M&Aについては話せないと繰り返すわりには、キオクシアとの強固な関係の話題から一歩もそれない。

インタビューや記者会見での要人の発言は、言葉の裏に隠された真意を読み取らなければならない。企業経営者や政治家は、さまざまな制約の下で報道メディアと向き合う。自分の口からは語れないが、言葉にできない本音のメッセージを記者に汲み取ってほしいという場合もある。「いまは口に出して言えないが、言いたいことを汲み取ってくれよ」というわけだ。ゲクラーのケースは、その典型といえるだろう。

対面のインタビューなら、微妙な顔の表情や動作などからピンとくることもあり、取材する側とされる側の阿吽の呼吸が成立する。だが、今回のようにオンライン取材ではそうもいかない。この時ばかりはコロナ禍を恨んだ。慎重に言葉の行間を読まなければならない。この人は何を伝えようとしているのか……。

透ける米国の国家意思

キオクシアは、経営不振に陥った東芝が半導体部門を売却して生まれた。社名は日本語の「記憶」と、ギリシャ語で価値を意味する「アクシア」を組み合わせたもので、２０１９年に旧社名の東芝メモリから変更した。キャッチコピーは「『記憶』で世界をおもしろくする」である。

総合電機メーカーであった東芝のなかで、半導体は最も潜在価値のある部門だった。東芝から分離した２０１７年には、半導体の売上高ランキングで世界8位だ。

ところが、15年に約2300億円もの粉飾決算が発覚して以来漂流していた東芝の経営陣は、資金に窮して虎の子の半導体事業を手放してしまった。舞台裏で一連の東芝再生のシナリオを書いていたのは、米証券大手ゴールドマン・サックスだ。かつての輝きは失せ、いまではキオクシアの名は半導体産業の挫折の文脈で語られることが多い。

ハゲタカファンドとも呼ばれた米国のプライベート・エクイティ・ファンドや、韓国、台湾の半導体メーカーが、キオクシアを買収しようと経産省と激しくやり合った。その光景は、猛獣が弱った獲物に群がるさまに似ていた。

ウエスタンデジタルは戦いに負け、旧東芝メモリは米投資ファンドのベインキャピタルと韓国のSKハイニックスの手に落ちた。だが、ウエスタンデジタルとキオクシアの提携関係は続いている。表舞台から降りたはずのその旧東芝メモリに、いま再び外国企業が熱い視線を注いでいる。弱肉強食のドラマがまた繰り返されるのだろうか——。ゲクラーがインタビューの最後に残した言葉が印象的だった。

「ウエスタンデジタルとキオクシアの提携は途方もなく重要です。一緒に未来を切り開いていくことを楽しみにしています」

一緒に未来を切り開いていく？　なるほど、要はウエスタンデジタルはキオクシアとの関係を深め、日本の技術が欲しいのだ。

ゲクラーは何度か「日米同盟」に言及した。言葉の裏に漂う、米国の国家としての意思が感じられた。米国は日本の技術を取りにきている……。

キオクシアの3つの価値

世界の半導体メーカーがキオクシアに吸い寄せられているのはなぜか。理由は大きく3つある。第1は、半導体が「規模の産業」であること。一つの工場を建てるのにも兆円単位の投資が必要で、企業が単独で担うのは難しい。規模を大きくするために同業他社と経営統合して一体化するのが早道だ。ゲクラーはこう語っていた。——半導体メーカーはグローバル企業である。世界で大量の製品を売りさばき、世界で稼ぎ出した資金で設備投資を繰り返す。この再投資の回転が半導体ビジネスの基本であり、滞りなくサイクルを築けるかどうかが成功のカギを握る。資金を回し続けるには、企業としての規模が絶対的な条件となる——。

キオクシアはサムスン電子に次いで、NAND型フラッシュメモリーの世界市場シェアが第2位である。だからこそ、キオクシアと事業統合して規模を追求しなければ、ウエスタンデジタルは生き残れない、というわけだ。

2番目は、キオクシアの技術力。NAND型フラッシュメモリーが日本の東芝の発明品であることは、あまり知られていない。

1990年当時、東芝で約10人の開発チームを率いたのが、硬骨のエンジニアとして知られた舛岡富士雄だった。社内には新型メモリーに半信半疑の声が多かったが、自己主張が強い舛岡は強烈な個性を放って反発を退けながら開発を推し進めたという。

世の中を変える技術革新にはドラマがつきものだ。舛岡と東芝は成果の評価をめぐり、後に熾烈な法廷闘争を繰り広げることになる。当時からメモリー技術の先頭を走ってきた東芝のエンジニアは、いまなお世界から一目置かれる存在だ。キオクシアの技術陣は、栄光時代の東芝のＤＮＡを引き継いでいる。

キオクシアが重要な第３の理由は、ＮＡＮＤ型の成長性である。調査会社ＩＣインサイツの２０２１年５月の予測では、メモリー全体の22年の総売上高は前年比16％増で過去最高の１８０４億ドルに達する。前回のピークの１６３３億ドルをはるかに上回る規模だ。次回のピークは２０２３年になるとみられ、市場規模は２２００億ドルまで膨れ上がる。20年から25年までの平均成長率は10・6％になるとしており、少なくとも25年まで２桁の成長が続くことになる。

伸び率が大きい理由の一つは、データセンターのサーバー向けの需要拡大である。グーグル、アマゾンなどのデータ産業の巨人は、級数的に増える情報をためるために、次々とデータセンターを建てている。さらに生成ＡＩのクラウドサービスが急拡大し、データセンターの建設ラッシュは止まらない。サーバーを構成するＮＡＮＤ型の需要が伸び続けるのは間違いない。

ウエスタンデジタルのゲクラーは「ウエスタンデジタルとキオクシアの市場シェアを合わせると世界一になる」と語った。その予測が正確かどうかは別にしても、規模、技術力、成長性の３つの面で、キオクシアに企業価値があるのは間違いない。キオクシアは衰退した半導体産業の象徴ではない。見方を変えれば、半導体産業を復活させる主役であるかもしれないのだ。

同社の買収に意欲を見せるのはウエスタンデジタルだけでなく、21年秋の時点で米マイクロンの名前もとりざたされている。キオクシアの研究開発と設備投資を途切れさせないためには、兆円単位の巨額の資金が要る。誰がそれを担うのか……。

キオクシアの「前工程」の工場があるのは、三重県の四日市と岩手県の北上。ウエスタンデジタルは、マレーシアのペナンと上海に「後工程」の工場を持つ。いまは両社の「前工程」と「後工程」はつながっていない。

日本とマレーシアの製造工程が結合すれば、日米企業で「安全なサプライチェーン」をつくれる。ウエスタンデジタルは、上海工場の生産を少しずつペナンに移しているという。中国をチェーンに組み込む安全保障上のリスクを重く見始めたからだ。

キオクシアの間接的な株主として発言力がある韓国のＳＫハイニックスの存在も、日本の安全保障上の不安要因となる。中国との関係が深い韓国の企業を、日本政府は信頼し切っているわけではない。

ウエスタンデジタルのゲクラーが「日米同盟」を口にしたのは、このためだ。キオクシアと一心同体となり、他国の株主を外すことができれば、半導体を通して日米の安全保障に寄与できるという考え方だ。

世界の半導体メーカーが事業統合を狙う一方で、キオクシア自身は株式上場に活路を見出そうとしていた。米韓のメーカー、投資ファンド、日本政府の思惑が交錯する乱戦が続くだろう。問題は日本の技術ではない。技術を活かす経営と政策にある。

「国益」とは何か――金融と技術の戦い

その後キオクシアは23年にウエスタンデジタルとの経営統合をめぐり、大騒動を繰り広げることになる。

複雑な立体パズルのようなゲームに加わったプレーヤーは、当事者である両社だけではない。米国政府、投資ファンドのベインキャピタル、米国のアクティビスト、日本の経済産業省、3メガバンク、日本政策投資銀行、産業革新投資機構、韓国の半導体大手SKハイニックス……。統合シナリオに多くの利害関係者が関与し、それぞれの思惑が絡み合った。

ベインが中心となって描いたシナリオには、持ち株会社の設立や出資構成、特別配当、株式交換など、一般の人には聞き慣れない金融用語が並んでいる。だが、テクニカルな側面を追いかけると、事の本質を見失う。ここでは詳細を省き、地政学の観点から考えてみたい。


キオクシアをめぐる日本の迷走は、一言で表せば金融の論理と技術の論理のすれ違いだった。

キオクシアの間接的な筆頭株主であるベインは、半導体そのものに関心があるわけではない。ベインは経営不振の企業に出資し、再生した後にエグジット（投資回収）して売却益を得るプライベート・エクイティ・ファンドである。投資リターンさえ手にすれば、舞台から立ち去ることにためらいはない。投資会社として当然の行動原理である。

一方、ウエスタンデジタルは、業績の不振にあえいでいた。十分な利益を生んでいないNAND事業をキオクシアと合体して本体から切り離すことで、ひとまず本体の企業価値を高める必要がある。

統合を急いだのは株主からの強力な圧力があったからだ。株主のなかでも際立った主張をしていたのが、米国のエリオット・インベストメント・マネジメント。いわゆる「物言う株主」と呼ばれる攻撃的な投資ファンドだ。

三井住友銀行、みずほ銀行、三菱ＵＦＪ銀行の３メガは、キオクシアへの巨額の融資で同社を支えてきた。統合シナリオが頓挫すれば、問題は東芝本体にも波及し、３メガから東芝への融資の先行きにも影響する恐れがある。業績不振を放置してキオクシアが破綻すれば元も子もない。ベインにエグジットしてもらうためのカネなど、経営統合に必要な資金として、さらに２兆円近い額で融資を検討していたという。

サムスン電子に次ぐ韓国第２の半導体メーカーであるＳＫハイニックスは、ベインに巨額の資金を貸していた。ベインを通してキオクシアに間接的に出資する立場である。このため統合に関して事実上の拒否権を握っていた。

ＳＫはベインが描いたシナリオとはまったく異なる選択肢を考えていた。ウエスタンデジタルの関与を薄め、自らがキオクシアと協業する道である。キオクシアがウエスタンデジタルではなく、ＮＡＮＤ市場シェアで３位のＳＫを選べば、１位のサムスンを抜くことができる。

ＳＫは統合シナリオを阻止する奥の手として、孫正義が率いるソフトバンクと手を組むアイデアも温めていた。ソフトバンクは英国の半導体会社アームを買収した経緯があり、ＡＩに必要なチップを自分で開発する計画を練っていた。ソフトバンクが資金を提供すれば、ベインやウエスタンデジタルをゲームからはじき出すことができるかもしれない。

結局この案は実を結ばなかった。孫は半導体へ熱い思いを折に触れて語っているが、素顔は根っからの投資家である。キオクシアに関与する狙いは、つまるところ投資だったと見る向きが多い。

キオクシア社長の早坂信夫は、ウエスタンデジタルとの統合に反対していたＳＫハイニックスを説得するため、ＳＫ財閥の総帥である崔泰源（チェ・テウォン）が滞在するパリにまで飛んだ。崔本人との面会はかなわず、ＳＫハイニックスＣＥＯの朴正浩（パク・ジョンホ）らには会えたが、ウエスタンデジタルとの統合に同意は得られなかった。

経済産業省は統合シナリオ実現のために、舞台裏で３メガをはじめとする関係者と調整を重ね、交渉ぎりぎりの局面では、経済産業相の西村康稔が韓国の産業通商資源省の方文圭（パン・ムンギュ）長官に会談を求めた。韓国側が日程調整できないという理由で大臣会談は実現しなかったが、ＳＫの同意を取りつけるために韓国政府の協力を求めようとしたとみられる。

米国のラーム・エマニュエル駐日大使も、統合実現を求めて永田町に活発に働きかけている。一部のうがった意見かもしれないが、エマニュエルはベインと個人的に親しい関係にあり、ベインの意を受けて動いていたのではないかと疑う声を聞いた。

こうして見ると、全体の統合シナリオは、投資ファンドなどの金融会社の利害関係を軸に進んでいたといえる。忘れ去られていたのは、キオクシアが持つ優れた技術の価値だ。本来であれば、密室の協議ではなく、国益に照らして広く議論されるべき技術安全保障の案件ではなかっただろうか。

半導体をめぐっては、米国の国家としての意思が鋭く表面に出る局面がある。企業と政府は普段それぞれの利益を追求しているが、ここはという時に、国全体として同じ方向に向かって全速力で走り出す。その結束は国家の安全保障が絡む局面で顕著に起きる。中国との技術覇権の競争が先鋭化するいまがその時だ。

メモリーメーカーとして生き残りたいウエスタンデジタルと、経済安保の体制づくりを急ぐバイデン政権が目指す方向は、完全に一致している。共通の目標が、いま米国の国益として大きな姿で立ち現れている。

日本の国益の認識は、政府、企業、国民に共有されているだろうか。経産省はディールの実現を優先しているように見える。3メガ銀行は何のために資金協力するのだろう。肝心のキオクシアは、自分の会社をどうしたいのだろう。

こうした問いに、当事者たちは、はっきり答えられないのではないか。一番大事なそもそも論を尽くさないまま戦いに突入する性癖に、国家としての日本の弱点がある。

3 「富岳」チップは戦略物資になるか

専用チップがあっての世界一

日本の技術はメモリーだけではない。演算速度を極限まで高めたロジック半導体にも、技の粋を集めた傑出した成果がある。

2020年6月28日——。文部科学省が管轄する理化学研究所と富士通が共同で開発したスーパーコンピューターの「富岳」が、計算速度の世界ランキングで首位を獲得した。追い上げる米国と中国のライバルを抑え、3年連続の王座である。

「富岳」は、役割を終えたスーパーコンピューター「京」の後継機として、2014年から約1300億円を投じて開発を進めてきた。民主党政権の時代には、参議院議員の蓮舫が国会で「2位じゃダメなんですか」と巨額の資金投入を批判し、国家プロジェクトの中止を求めたこともある。

「現時点では100%の性能をまだ発揮していません。富岳が世界のトップレベルでいる期間は相当長いと考えています」

理研の計算科学研究センターのセンター長、松岡聡は記者会見でこう語り、簡単には首位の座をライバルに明け渡さないという自信を見せた。もっと使いこなせば、「富岳」はもっと速くなる。

「富岳」を勝利に導いた立役者が、「A64FX」と呼ばれる富士通のCPUだ。

超高速の演算に必要な機能を一つに集約し、消費電力を抑えながら「京」の4倍の処理能力を達成した。性能は米国製チップより3倍も高い。理研の研究者は「富士通さんが世界最強のチップを開発してくれた」と誇らしげな表情を見せていた。

「市販のCPUを買ってきて、スーパーコンピューターをつくっていたら、マシンの電力や規模、金額は3倍に膨れ上がるでしょう。自分たちの手で開発した意義は大きいと考えています」

松岡はそう語り、「A64FX」に巨費を投じた意義を説いた。

プロジェクト参加の費用対効果

たしかにスーパーコンピューターの開発には金がかかる。国家プロジェクトであるとはいえ、開発に指名された企業は100億～200億円、あるいはそれ以上の負担を背負い込まなければならない。富士通は「人数はトップシークレット」として詳細を明らかにしていないが、投入したエンジニアはのべ100人を下らないともいわれている。下手をすれば会社の台所は火の車となる。

技術力では引けをとらないNECと日立は、「富岳」プロジェクトに手を挙げず、2009年にスパコン開発から撤退していた。技術の方向性の問題もさることながら、採算性に照らしての決断だろう。

もしかしたら、NECと日立の財務担当者はむしろ内心では胸をなで下ろしていたのかもしれない。

損益の数字に限って判断するなら、スパコンは算盤勘定に合うビジネスではない。

自動車レースの「F1」にたとえると分かりやすい。1位を獲得すれば世界に名声が轟くが、開発にはとてつもないカネと時間を覚悟しなければならない。日本を代表してレースに参加したホンダの場合、エンジンだけで年間1000億円以上の開発費を注ぎ込んだとされる。

自動車業界の雄であるトヨタがF1に参戦せず、独フォルクスワーゲンも消極的であるのは、技術力が足りないからではなく、費用対効果を優先しているからだ。

コスト負担に耐えてきたホンダも、次期のレースからF1に参加しない方針を2020年10月に発表した。応援してきたファンはがっかりしたが、ホンダのチームは撤退発表の翌年、21年6月に30年ぶりに4連勝を達成し、打ち上げ花火のように最後を飾った。

F1であれば企業が自己責任で参入も撤退もできる。だが、政府主導の研究開発では、企業の自主性が曖昧になる。企業は国家プロジェクトに加わることはできても、途中で抜けることはできない。

第5世代コンピューターの蹉跌

デジタル分野の国家プロジェクトといえば、1982年から約10年間を費やした「第5世代コンピューター」の記憶がよみがえる。

日立、富士通、NEC、三菱電機、東芝、沖電気、松下電器、シャープ――。当時コンピューター事業を手がけていた全8社が、通産省の「新世代コンピュータ技術開発機構(ICOT)」に招集された。産官学を挙げて次世代のハードとソフトを開発する一大構想だった。

あの時の日本も「1位」になりたかった。日立と三菱の社員が情報の不正入手の容疑で米連邦捜査局(FBI)に逮捕されたIBMスパイ事件の教訓から、米国企業の真似ではない日の丸コンピューターを誕生させる夢を抱いていた。

コンピューター産業の未来を、オール・ジャパンで切り開きたい――。オリンピックで日本選手を応援するような高揚感のなかで、コンピューターを見たこともない人々までが第5世代の計画に期待を膨らませたものだ。

しかし、目覚ましい成果を上げたとはいえず、出来上がったシステムは、実用的な機能をほとんど備えていなかった。「国家プロジェクトの失敗作」と呼ばれることもある。

計画終了の記者会見の様子を覚えている。こんな質問をした記者がいた。

「その第5世代コンピューターは、どこにありますか？」

政府の担当者はこう答えた。

「目に見える形で『これ』とは指させませんが、科学技術の新たな知見と人材育成という無形の成果を出し、当初の目標を達成しました」

これでは世間は納得しない。人々が見たかったのは、神々しくそびえ立つ日の丸コンピューターの姿だったからだ。件の記者が「まるで煙のようなコンピューターですね」と皮肉を言っていたのを覚えている。

富岳のために富士通が完成させた「A64FX」は、打ち上げ花火ではなく、煙でもない。研究者が「世界最強」と称賛するチップは、実体がある製品だ。だが、それを売る顧客が理研だけならば、富士通にとって煙になりかねない。

同社は富岳の保守管理費として、21年度に理研から63億7000万円もの支払いを受けている。巨額の収入だが、「A64FX」の本来の価値で生み出した利益と言えるかどうか。高付加価値のチップを開発して、それを商品として売るのと、チップを搭載したハードのメンテナンス料で売り上げを立てるのは、似て非なるビジネスモデルだ。

富士通の次の使命は「A64FX」で〝広く〟稼ぐことだろう。挑戦から逃げ出し、高みの見物を決め込んだライバル企業が「無駄金を投じないで済んだ」と心のなかで安堵しているとしたら、日本の半導体産業の未来は寂しい。

チップ開発の舞台裏

この本のカバーにあるように、顕微鏡で見た「A64FX」の中身は美しい。

約2センチ角のチップの上に、「コア」と呼ばれる長方形の要素回路が52個、整然と並んでいる。半導体の最低単位であるトランジスターの数で勘定すると、約87億個にのぼるという。

超高速で演算するためには、コアとメモリーの間の信号のやり取りにかかる時間をできるだけ短くしなければならない。「A64FX」のなかは大きく4つの区画に分けられ、1つの区画に13個のコアが入っている。

この13個のうちの12個が実際の演算をし、「アシスタントコア」と呼ばれる残りの1個が、外部との通信や制御を担う。アシスタントが一人つくことで、チーム全体の仕事をスムーズに進められるようになった。チップが美しいのは、これらのコアやメモリーが、最短距離で無駄なく配置されているからだ。

約7年にわたる開発の苦労話を、チームを率いたエンジニアの吉田利雄に聞いた——。

「世界最速を記録したスパコン『京』の後継機として、未到の高達成をしなければならない。しかも『富岳』は社会に役立つスパコンという目標を掲げていて、高性能でありながら、応用範囲が広い汎用性も確保しなければならない。極端にいえば、スマホで動くアプリがスパコンの『富岳』でも走るようなチップをつくるという厳しいミッションでした」

吉田のチームは、その汎用性を持たせるために、世界のほとんどのスマホメーカーが採用する英国のアームの仕様を使うことにした。第Ⅴ章でも紹介したが、アームは電子回路のライセンスを売るファブレス企業である。孫正義が率いるソフトバンクグループが２０１６年に３２０億ドルで買収したことでも知られている。

汎用性という大きな目標の下で「アームを選択せざるを得なかった」と吉田は表現する。アームの方式でいくか、それとも別の仕様で設計するか、チームのなかで議論があったのだろう。

具体的な設計作業に入るためには、アームと細かい部分まですり合わせなければならない。吉田はアームの本社があるケンブリッジに何度も足を運び、オンライン会議やメールでも協議を重ねた。回路のなかを信号が流れるルールを定めた仕様書は、印刷すれば数千ページに及ぶ量だという。

「チップ設計のノウハウそのものが私たちの財産です。アームは世界のさまざまな半導体メーカーとつながりがあるので、こちらの手の内すべてを見せるわけにはいきません。『Ａ64ＦＸ』のコアの数や消費電力などのごく基本的な情報も含めて、一切アーム側には伝えませんでした」

どこまで見せて、どこまでを隠すか

アームの協力は必要だが、どこまで見せて、どこまでを隠すか――。富士通とアームは、主従関係にはない。アームのライセンスを富士通が買うのだから、厳密にいえば富士通はアームの顧客だ。

だが、アームが立つ場所は製品の市場からは遠く、アーム側も富士通の知見が欲しい。バリューチェーンの最上流にいるとしても、アームが単独でチェーンを支配しているわけではない。守るべき秘密を守りながら、開発エンジニアの知恵を結晶化した「A64FX」は、日本だけが持つ戦略物資になるかもしれない。ただし、そのためには、チップを求める相手を日本の理研のみならず、世界で見つけることが条件となる。

富士通に取材を申し込んだのは、「A64FX」がどのように動作するかを詳しく知りたかったからではない。情報科学や電子工学の専門家でない限り、CPUの中身など到底理解できるものではない。ただ、世界最速のチップをつくったのはどんな人たちなのか、実際に会ってみたかった。

吉田のほか、チップの実装技術を開発した水谷康志、論理設計を担当した高木紀子の3人が対応してくれた。日本の半導体技術の頂点に立つトップエンジニアたちである。取材の前には、プライドが高い不愛想な人たちが現れるのではないかと少々緊張していたが、誤解を恐れずにいえば、日本のどこのメーカーの工場にもいそうな普通のエンジニアだった。

世界一の成果をもっと自慢げに語ってもよさそうなものだが、3人は素人の質問に嫌な顔もせず、言葉を選んで丁寧に説明してくれた。正直なところ技術的な内容は消化し切れなかったが、富士通のチームがこつこつと誠実に仕事をしていることは分かった。

だが、この人たちは世間でもっと目立ってもいいのではないだろうか……。はっきりいって地味すぎる。

日本の半導体産業はメモリーは得意でも、CPUなどのロジックの分野が弱いといわれる。そんなはずはない。本当はこの人たちも主役ではないのか。

新型コロナウイルスの分子構造の解析、新薬の開発、高精度の気象予測、航空機や自動車の設計……。汎用性と性能の両立は簡単ではないが、富士通のチップが応用できる用途は、これから無限に広がっていくはずだ。


論理設計の高木紀子に、興味本位で聞いてみた。

「開発エンジニアの方々はナノの世界に没頭しているから、社会の変革などには興味はないでしょう?」

心外だといわんばかりの表情で、こんな答えが返ってきた。

「私、ありますよ。学生の時から、半導体で社会を変えたいと思ってましたから」

未来の半導体産業の姿が、チラリと見えた気がした。

4 ロボットカーの正体

孤高のビジネスモデル

ソシオネクストは、富士通とパナソニックの半導体部門を統合して2015年に設立された。難度が高いチップの開発・設計に特化したファブレス企業である。

設計エンジニアの数は約2000人。横浜、京都、シリコンバレー、デトロイト、ミュンヘン、フランクフルト、ロンドン郊外などに分散した拠点で、ロジック半導体を開発している。7ナノ、5ナノ、3ナノという極小の回路線幅で設計できる、日本で数少ない専門家集団だ。
近いうちに世に登場する自動運転の車に、同社のチップが搭載されていることは、あまり知られていない。人間の操作を必要としない次世代の自動車は「ロボットカー」とも呼ばれる。ソシオネクストのチップがなければ、このロボットは動かない。

仮想現実（VR）や拡張現実（AR）の製品に向けた設計技術も持つ。だが、どんな革新的な製品であっても、外からは分からない。

多数の技術陣を擁しながら姿が見えにくいのは、特定の企業から個別に注文を受け、特定の用途のためのチップを開発しているからだ。ソシオネクストの半導体はカスタムメイドの特注品であり、他の顧客には転用できない。チップに社名の刻印もない。

その孤高のビジネスモデルに、明日の半導体産業を考える手がかりがある。複雑に分岐し、しかも日々変容するバリューチェーンのなかで、どの位置をつかむか――。ピンポイントで自分が座るべき場所を特定できる半導体企業が、生き残れるのではないだろうか。

ゾウなのかウサギなのか

ソシオネクストのビジネスモデルを知るために、まず商品としての半導体の特徴とは何かを考えてみよう。私たちが半導体というときは、電子回路を詰め込んだチップを指すのが普通だが、そもそも半導体とは物質の種類の名称である。

電気を通す金属などの物質が「良導体」。ゴムやプラスチックなど電気を通さないのが「不導体」。

その中間にあり、半分だけ電気を通すから「半導体」と呼ばれる。

「半導体」を土台につくるチップには、いくつもの種類があり、機能や技術はかなり違う。大きな括りとしてはデータを記憶するメモリー、データを使って演算するロジック、ものを動かすパワー半導体などがあり、物質としての「半導体」が素材である以外は、まったく別物の製品と考えた方がいい。

さらに細かく見ると、メモリーにも、前出のＮＡＮＤ型やＤＲＡＭなどいくつかのタイプがあり、ロジックはパソコンに搭載されているインテルの汎用ＣＰＵから富岳の「Ａ64ＦＸ」のように超高速で科学技術計算をする特殊なチップまで、種類は無数にある。

これらすべてを「半導体」として一緒に扱うのは、ゾウやライオン、シマウマなどを全部ひっくるめて「哺乳類」と呼ぶのに等しい。日本の半導体の復活が叫ばれるが、すべての哺乳類をノアの箱舟に乗せて新天地に連れていくことはできないはずだ。荒波を乗り越えて生き延び、元気に成長するのはゾウなのかウサギなのか。

水平分業のプレーヤーも多様

半導体のつくり方にも目を凝らしてみる。円盤状のウエハーが指先に乗るほどのチップに加工されるまでには、数えきれないほどの段階がある。ウエハーの上に回路を形成する「前工程」と、ウエハーを細かく切断する作業から始めてチップとして完成させるまでの「後工程」があり、どちらもいくつもの細かい工程に分かれている。

それぞれの作業に対応する製造装置があり、装置の種類は軽く１００を超える。半導体をつくるための素材も、シリコンのウエハーだけでなく、ガスや液体の化学物質、金属、プラスチックなど数えきれないほどだ。

ソシオネクストなどのファブレス企業が属する開発・設計の領域も細分化されている。回路全体の大きな図面を描く作業、設計するために必要なソフトウエアのツールをつくる仕事、全体の回路を構成する要素回路の設計……。英国のアームを筆頭に、モノではなくＩＰをライセンスとして売る企業も多い。

これらすべての企業の集合体が半導体産業と呼ばれる。半導体産業の水平分業というと多くの人は、設計のファブレス企業と、製造のファウンドリーの役割分担をイメージするかもしれないが、設計、製造それぞれのなかでも細かく水平分業が進んでいる。本書でも話を分かりやすくするために設計と製造に二分して書いてきたが、実際には設計分野にも分業化した専門的な企業が無数にある。

グローバル化によって世界に分散したバリューチェーンのどこにチョークポイントがあるか。それを見極めることが、日本の半導体産業の地位を引き上げる道になるはずだ。

世界半導体市場統計（ＷＳＴＳ）によると、半導体の世界市場規模は、２０２４年に５８８３億６４００万ドル（約88兆円）を超えようとしている。これはベルギー、タイの一国の経済規模と同じくらいの大きさだ。

求められるシリコン・パートナー

売上高が約2000億円のソシオネクストが占めるシェアは、半導体の業界地図のなかで、決して大きいとはいえない。ロジックのなかでもさらに用途を特化した専用チップは、むしろニッチと呼べる市場かもしれない。だが、地図を裏返すと、まったく違う風景が見えてくる。

ソシオネクストは供給する側の地図の上では小国だが、半導体を使うユーザー側の地図で見ると、その位置は戦略的に要所となる。視点を変えると、地政学的な逆転現象が起きているのではないだろうか――。

たとえばグーグル、アマゾンなどの巨大クラウド企業の動きを考えてみよう。データを集める情報機器はスマホやタブレットだけでなく、スマートウオッチ（時計）、スマートグラス（眼鏡）などのウエアラブル端末に広がっている。

すべての情報をいったんクラウドでデータセンターに飛ばして加工するのでは、ユーザーにリアルタイムでサービスを提供できない。端末のなかで情報処理する必要があり、そのための高機能の半導体を端末機器に載せる必要がある。いわゆる「エッジ・コンピューティング」と呼ばれる考え方だ。

ここで必要になるのは、どんな仕事でも器用にこなす汎用のチップではなく、スマートスピーカーならスマートスピーカーのための専用チップである。GAFAMが社内に半導体部門を持って自らチップ開発に乗り出している理由の一つだ。

近未来の自動車にも同じことがいえる。走行性能を高めるには、動力系の機械をミリ単位以下で正確に制御したり、安全装備を瞬間的に動かしたりしなければならない。さらに自動運転が実用化すれば、車に載せる特別なチップが要る。だからこそ自動車メーカーも自分で半導体をつくり始めている。

ゲームや音響映像の分野では、VR、ARの映像表現が当たり前になるだろう。画像や動画は2次元でさえ情報量が多く、これがさらにVR、ARとなれば、比較にならないほど大量のデータを扱うことになる。

5G、6Gで通信が高速化したとしても、ネットワークを介した情報処理には限界がある。人間の側に密着したロジック半導体が必要になる。ゲーム機のメーカーも自社でチップ製造を手がけている。

今まで世の中になかった新しい市場を創造しようとする企業は、既製品の汎用チップを買ってきて組み合わせるだけでは、目指している機能を実現できない。

こうなると、もはや半導体は電気製品の「部品」ではない。企業の製品を、製品たらしめる「エッセンス」が半導体チップだといえるのではないか。だが、これまでユーザーの立場にいた企業が、みな半導体を開発できるわけではない。自力では足りないからこそ協力者が要る。いわば「シリコン・パートナー」だ。

ソシオネクストの立ち位置が戦略的に重要であるというのは、このためだ。ロボットカーの正体は、内蔵されている半導体チップである。

ユーザー企業の構想についていけるか

ソシオネクストはユーザー企業が「こんな製品・サービスを考えている」という段階から関与し、

チップにどのような仕事をさせるかを明確に定義する作業に入る。

設計に際しては、ハードのチップに回路としてあらかじめ組み込む機能もあれば、ソフトウエアで対応できる部分もあるだろう。

その線引きを含めてユーザー企業との共同作業となる。こうした新製品・新サービスの企業秘密にまで入り込んで仕事を請け負うことができる半導体企業は、日本には多くない。ソシオネクストは世界でも五本の指に入るとされる。

半導体に求められる役割が変わる流れのなかで、これまで部品として買う側にいたユーザー企業が、半導体の設計を自ら手がける流れは加速していくだろう。先行するGAFAMやテスラなどは自社内に半導体部門を持ち、設計エンジニアを抱えている。望みのチップを素早く開発してくれて、しかも信頼できる半導体メーカーが外部にいない以上、自分で開発するしかなかったからだ。そのための人材は、半導体業界から引き抜いて集める必要がある。

アップルは強力な半導体部門を擁する企業の典型だ。スマホのiPhoneのために自社で開発したチップがあるからこそ、iPhoneの機能が実現できた。

さらにいえば、アップルは製造技術が進歩するスピードを予測し、未来のある時点で製造できるようになるであろう半導体チップと、それを使った最終的な商品の設計をピタリと合わせてくる。技術そのものの競争力だけでなく、時間をいかにマネージするかに長けた企業といえるだろう。だが、これからはユーザー企業の設計も、水平分業が進むのではないだろうか。

ソシオネクストの場合、いま設計に取り組んでいるのは、4～5年先に世の中に出てくる製品やサービスのためのチップだという。どのような顧客から受託しているかは厳秘だ。世界のメーカーから製造を受託するTSMCが顧客の情報を口外しないのと同じ理由で、TSMC以上に寡黙である。

ただ、一つだけ明らかにしているのは、ソシオネクストに開発を依頼するユーザー企業の8割が海外にあることだ。これが意味するのは、未来の新製品、新サービスの絵を描くことができるユーザー企業が、日本には不在だという悲しい現実である。

アラン・ケイの言葉の意味

日本の半導体産業は1980～90年代に興隆を極めた。だが、正確には日本が世界シェアを握ったのはメモリーの市場である。日本メーカーはメモリーの技術を磨き、開発から製造まで一社で手がける垂直統合型のビジネスモデルで、汎用品の大量生産に成功した。メモリーが多くの電気製品に使われるようになり、産業のコメとして需要が拡大したからだ。テレビ、パソコンなど大口のユーザーは日本国内にいた。

「(ソシオネクストが) せっかく日本で店を開いているのに、来てくれるのは外国人の客ばかりだ。しかも大企業だけでなく、米欧のスタートアップが自分たちのアイデアを実現するためにやってくる……」

米国のある投資銀行の日本人アナリストが、こう嘆いていた。

たしかにメモリーで蓄積した経験の力はいまも強い。NAND型フラッシュでは旧東芝メモリのキオクシアが世界2位のシェアを占め、もう一つのDRAMでは、東広島市にある元エルピーダメモリの工場が、同社を買収したマイクロン・テクノロジーの収益に大きく貢献している。

これから先はどうだろう。ロジックの分野で国際的に活躍する日本企業は多くない。半導体産業を復活させ、日本の国力を高めるという議論は勇ましいが、その「半導体産業」とはどこの企業のことを指すのか――。

パソコンの生みの親とされる米国のコンピューター科学者、アラン・ケイは、こう語っている。

「ソフトウエアに対して本当に真剣な人は、独自のハードウエアをつくるべきだ」

この「ソフトウエア」は「革新的な事業」と読み替えることができるだろう。

汎用メモリーで日本は世界市場を席捲したが、メモリーの記憶に縛られるべきではない。卓越した技術力とコンサルティング力を持つファブレス企業に、一つの勝機がある。

column

ブール代数と東芝の技術

半導体の話には英文字がたくさん出てくる。デジタル信号が1と0でできているとは知っていても、実際に半導体チップのなかで何が起きているのかは想像しにくい。デジタル回路の仕組みを、大まかにでも理解しておいて損はない。

半導体チップの電子回路は迷路のように複雑だが、いくつかの基本的な回路の組み合わせで成り立っている。その基本的な回路をさらに分解していくと、「論理ゲート」と呼ばれる数種類の電流の通り道のパターンで構成されていることが分かる。

論理ゲートには、AND、OR、NOTという種類がある。あらゆる論理演算は基本的にこの3つの要素で導くことができる。

人間にたとえれば、ANDという人物は慎重な性格だ。常に〇〇「かつ」〇〇という思考をする。ANDさんに2つの話を教えたとき、ANDさんは両方とも正しいときにだけ、「正しい」と答える。慎重なので、どちらか一つでも間違っていれば、「間違っている」だ。両方とも間違っていれば、もちろん答えは「間違っている」である。

デジタル信号の1か0かは、物理的な現象では、電流が流れるか、流れないか、である。これを論理学の言葉で表現すると、1が「正しい=真」で0が「間違っている=偽」となる。AND回路の場合、2つのデジタル信号を入力すると、両方とも1であるときにだけ出力が1になる。

もう一人の重要人物であるORさんは寛容な性格で、〇〇「または」〇〇という考え方をする。2つの話のうち、どちらか片方だけでも正しければ、「正しい」と答える。両方とも正しければ、もちろん「正しい」だ。両方とも間違っている場合は、さすがに「間違っている」と答える。

3人目のNOTさんは天の邪鬼だ。他の人たちが出した答えをすべてひっくり返して、逆のことを言う。「正しい」と聞くと、いや「間違っている」と答え、「間違っている」と言われれば、いや「正しい」と言う。

デジタル回路は、基本的にこのAND（かつ）、OR（または）、NOT（ない）の3人が連なってできていると考えていい。3人のクローンが大勢並んで次々と伝言ゲームをしていく様子を想像してほしい。最後にどんな答えが出てくるだろうか。

こうした論理演算の仕組みは「ブール代数」と呼ばれ、情報科学を学ぶうえで最も基礎的な理論だ。コンピューターの歴史は60年ほどにすぎないが、そのはるか以前の19世紀半ばに、ジョージ・ブールという英国の数学者が提唱した。

20世紀に入り、情報理論の始祖と呼ばれる米国人の数学者クロード・シャノンが、スイッチで電気信号をオン、オフすることが、ブール代数にぴったり対応していることに気づいた。

この考え方にもとづけば、紙と鉛筆を使わなくても電気回路で論理演算ができるようになる。このシャノンの気づきが基礎となり、その後コンピューターが発達していくことになる。

メディアで目にすることが多い「NAND型」と呼ばれるメモリー素子がある。NAND（ナンド）とは「NOT AND」の略語で、「ANDではない（NOT）」という意味だ。

ブール代数の論理演算はAND、OR、NOTの3つが基本なので、NANDは派生的な論理ゲートである。ところが、このNAND回路が実に便利で、これを組み合わせることで、他の論理ゲートと同じ作動をする回路をつくることができる。

メモリー素子のNAND型フラッシュメモリーは、東芝の技術陣が考え、1987年に発表した仕組みである。高速で情報の書き込みができ、チップの集積度も上げられる画期的な発明だった。

東芝の半導体部門は、技術力の高さで世界に知られた。だが、同社は粉飾決算や原子力事業での巨額損失で迷走したあげく、虎の子の半導体部門を2017年に切り売りしてしまった。

外国の半導体メーカーや投資ファンドが買収を競った末、米投資ファンドのベインキャピタルを中核としたグループの傘下に入った。いまは名前を変えてキオクシアとなったが、複雑骨折を重ねたような分かりにくい株主構成はそのままだ。

東芝時代から受け継がれたキオクシアの技術力は健在だ。NAND型フラッシュメモリーの世界市場シェアは、サムスン電子に次いで2位の座を死守している。だが、誰がキオクシアを支配するのか、これから先は見通せない。

キオクシアは投資として利益を追求するファンドや、安全保障を高めたい国家の思惑に巻き込まれ、多難な道を歩んできた。その姿は、すっきり明快な論理で動くデジタル回路とは正反対である。

VIII 見えない防衛線

イージス・システムの発射光景（提供：米海軍）

2022年2月24日、ロシアはウクライナに本格的な軍事侵攻を開始した。世界各国は一斉にプーチン政権を非難し、米欧各国はウォロディミル・ゼレンスキー大統領が率いるウクライナへの強力な支援に乗り出した。

その後のウクライナ軍の粘りは驚異的といえる。予想外というべきではないかもしれないが、首都キーウの防衛は長くもたず、ウクライナ領土のかなりの部分がロシアの手に落ちるという悲観論が大勢を占めていたのではないだろうか。ロシアの軍事力が圧倒的だとみられていたからだ。

ウクライナ軍はなぜ強いのか――。半導体をめぐる攻防は、意外な場所でも繰り広げられている。隠れた劇場を覗いてみよう。

1　ウクライナ　影の主役

ロシア軍の〝秘密兵器〟

戦闘の趨勢に目を凝らしていた世界中の人々が、2022年4月にツイッター（当時）で拡散された映像に驚き、そして呆れた。ウクライナ軍の情報機関が公開した2分間ほどの動画には、墜落したロシア製のドローンが映っていた。肩で担げるほどの大きさの、両翼を広げた飛行機の形をしたドローンだ。

ウクライナ軍の兵士とみられる足を組んだ男性が、カメラに向かって説明しながら機体を分解していく。灰色の胴体から取り出されたのは、ひと昔前の電気製品に使われていたような電気回路のかたまり。緑色の板にスイッチや抵抗器などの部品が差し込んであり、ビニールで覆われた配線がハンダ付けで部品と部品を結んでいる。

ドローンの先頭部には2翼の回転式プロペラがついている。燃料タンクのキャップは、どうやらペットボトルの飲み口のようだ。

ウクライナ側が公表したロシアのドローン（旧ツイッターより）

軍事用のスパイ兵器と呼ぶにはほど遠い、小中学校の工作でつくる模型飛行機のような姿である。そして、無骨な金属板にはめ込まれていたのは日本製の旧式の一眼レフカメラだった。シャッターを操作するダイヤルが、動かないように糊で塗り固めてある。

ロシアのドローンは、こんなにポンコツだったのか——。拡散された動画を見て思わず苦笑した人は少なくないだろう。分解しながら解説するウクライナ兵士は「驚くほどローテクだ」と勝ち誇ったように語っている。

ウクライナ側の情報によると、この機体はロシア軍が偵察用に使っている「Orlan-10」というドローンで、開発したのはロシアの軍事企業だそうだ。

もちろん、これはSNSを活用したウクライナ側の情報戦の一環であり、ロシアのドローンのすべてが同じような低水準の技術で製造されているわけではない。だが、少なくともウクライナが軍事作戦でどれだけドローンを重視し、ロシアに対する技術優位を世界にアピールしたかったかが分かる。

半導体がない

日本の軍事技術の専門家に、この映像から何が分かるかを聞いてみた。構造が原始的であるのは誰にでも分かるが、特に目を引くのが「半導体がない」ことだという。

正確にいえば、スマホなどに搭載されている半導体の光学センサーがなく、その代わりに、ごつい一眼レフカメラが使われている。偵察用のドローンであるならば、軽量で消費電力が少なく、解像度も高いＣＭＯＳと呼ばれる半導体のセンサーを使うべきだ。

「ＣＭＯＳイメージセンサーは汎用の半導体です。どこでも手に入れられるし、価格も安い。こんなに大きくて重いカメラをなぜ使うのでしょうか」

ロシアの半導体技術については、後のコラムで紹介する。ロシアに技術がないわけではない。旧ソ連時代の軍事技術の遺産で、むしろ半導体の設計では優れたノウハウがある。しかし、その優れた半導体を大量に生産する能力がないのだ。

〝西側〟による禁輸措置で、ロシアには軍事に関連する物資が入りにくくなっている。特に軍事用、民生用を問わず半導体の調達は難しく、入手に苦労している様子がうかがえる。日本経済新聞の調査報道によると、ウクライナ侵攻後の22年２月から12月までにかけて、インテルなど米国製の半導体の高額取引が２３５８件あり、少なくとも７・４億ドル分のチップがロシアに流入していた。

どこから輸入しているかといえば、最も多いのが香港を含む中国で、合わせて1774件。全体の4分の3を占める。次に多いのがモルディブで150件。これにトルコの148件、アラブ首長国連邦（UAE）の86件が続く。意外な国の名前が並んでいる。

米政府がいくら米国からの輸出を禁じても、ロシアは第三国を経由した迂回ルートで半導体を手に入れている。ウクライナ侵攻後にロシアが輸入した米国製半導体の総額は、それ以前の約3倍にのぼる。中国経由の輸入は、侵攻後に実に11・2倍の増加だ。

これを裏返していえば、ロシアは中国への依存を深めていることになる。ロシアと中国の半導体をめぐる地政学的な地位は、ウクライナ侵攻を境として中国が完全に優位に立ったといえる。

ロシアが輸入する半導体の種類としては、インテルやAMDのCPUが多い。ミサイルの誘導装置やジェットエンジンの制御、操舵などに使われている可能性があるという。なかには日本製のメモリー半導体もあり、やはり中国経由での輸入が多い。バルト3国の一つでロシアと距離的に近いリトアニア経由の取引もあった。

香港に拠点を置く商社が日本製品を大量に調達してロシア企業に売っていたが、このロシア企業には武器生産に関与する人物が出資していた。ロシアは喉から手が出るほど、半導体に飢えているのだ。

日本経済新聞の調査報道では、モルディブ、UAE、リトアニアなど、半導体とは無縁に見える国々の名も浮かび上がった。禁輸体制の抜け穴である。半導体を通して貿易を見ることで、水面下のサプライチェーンがあぶり出されたといえるだろう。

ドローンを操作するウクライナ兵（提供：ロイター／アフロ）

鳥の群れを放つ

ウクライナの健闘を支えるのは、大量の無人偵察機、自爆機、攻撃機を抱えるドローン軍である。ウクライナ軍が1カ月間に使用して失うドローンの数は、大小合わせて約1万機にのぼるという推計もある。ドローンによる攻撃は、ロシア領内、ウクライナ内のロシア支配地域の190カ所で確認されている。

「ウクライナはドローン生産で世界をリードする」

副首相でデジタル転換相も兼ねるミハイロ・フェドロフは23年に入ってこう宣言している。これまでは輸入品に頼っていたが、国家計画として国産ドローンの開発に取り組み始めているのだ。ドローン技術に自信を深めているのは、実戦で得られた知見がイノベーションの糧となるからだ。

23年3月には、ウクライナ国防相（当時）のオレワシー・レズニコフが、ロシアとの戦闘のために数十万機のドローンが必要で、約80社の国内のメーカーが生産を急いでいることを明らかにした。

たとえばロシアとの戦闘が始まる前には農薬散布に使うドローンを製造していた企業が、開戦後に300キログラムの爆弾を搭載する戦闘用のメーカーに転じている。なんと段ボールでつくったドローンもある。レーダーに映らないステルス性があるからだ。

ウクライナは、戦闘機をはじめ有人機の航空戦力ではロシアに太刀打ちできないことを理解していた。何しろ国内には十分な戦闘機もパイロットもいない。だが、大量のドローンを使えば対抗できるかもしれない。軍の幹部たちはそう考えたに違いない。

戦闘機の移動基地である空母や大型爆撃機、原子力潜水艦を持っているかどうかが国の軍事力を決めるとは限らない。どれだけ多くのドローンを動かせるかで戦力の大きさが決まる。大艦巨砲の時代が終わり、小さく、軽く、少人数で操作でき、短期間で配備できるドローンが、戦場の主役になろうとしている。

ウクライナ政府が資金集めのために22年5月に設けたサイト「ユナイテッド24」に、ドローン調達の計画が載っている。23年9月の時点で、募金を使って購入したドローンの数は4100機にのぼる。

23年5月には、「ビーバー」と呼ばれるウクライナ製の長距離ドローンが、モスクワのクレムリンを直撃したとみられている。低空飛行ができ、航続距離も約1000キロメートルに及ぶため、長距離ミサイルに匹敵する破壊力がある。

ウクライナの兵士は、ドローンを鳥（bird）と呼ぶ。戦場の様子を伝える広報映像でも、兵士が

「我々の鳥たち（our birds）を最前線に送る」と語るシーンがある。

23年末までに調達する予定のドローンの数は20万機。大量の鳥群が空を覆いつくすさまを想像してみてほしい。これが現代の戦場の光景だ。

この鳥たちを駆動しているのが半導体チップにほかならない。

イランの「信仰告白」

ウクライナ議会は23年5月29日、イランに対し50年間にわたる経済制裁を科す法案を可決した。ロシア軍がイラン製のドローンを使っているためだ。ロシアを助けるイランを許すわけにはいかない。「ロシア軍は約１１６０機もの『シャヘド』を使ったが、このうち約９００機をウクライナ軍が見事に撃墜した」

ゼレンスキー大統領はビデオ演説でこう語り、戦場でドローンの数を競う「物量作戦」が展開されていることを明らかにした。そのうえでイランに対し、ロシアへのドローン提供をやめるように呼びかけた。

シャヘドとはペルシャ語で「信仰告白」の意味。イスラム教徒に課された五つの行の一つで、「アッラーのほかに神なし。ムハンマドはアッラーの使徒である」と唱えることである。本来は神聖な宗教の言葉だが、イランは恐ろしい軍事ドローンの名称に「シャヘド」を使った。

三角翼を備えた機体で全長は３・５メートルほど。5機以上を格納できるラックから、一度に大量に発射できる特徴がある。ロシアはこのドローンをイランから大量に調達し、戦場に投入しているとみられる。

ウクライナとの戦闘のさ中、プーチンは22年7月にテヘランを電撃的に訪問した。最高指導者ハメネイ師、ライシ大統領と笑顔で会談する様子が報道されている。プーチンはこの時に「シャヘド」の提供を依頼したのではないだろうか。

ウクライナ側の分析によると、シャヘドには米国のインテルやテキサス・インスツルメンツ製のプロセッサー、同じく米国アナログ・デバイセズの無線チップ、マイクロチップ・テクノロジーのアナログ素子などが搭載されているという。イラン製ドローンを動かしているのは米国の半導体だ。

トルコの「軍旗」

一方、ウクライナはトルコのバイカル・テクノロジーから新鋭機「バイラクタルTB2」を調達していた。バイラクタルはトルコ語で「軍旗」や「旗手」を意味する言葉である。

バイカルはレジェップ・タイップ・エルドアン大統領の親族が経営に関与する企業で、政府から莫大な補助金が出ているという。新鋭のTB2は大型トラックの荷台に載せられるほどの大きさで、通信衛星を介してコントロールできる。

その性能と機動性が評価され、トルコ発の世界のヒット商品となった。納入先はトルコ軍だけでなく、先進国以外の小国が多い。カタール、エチオピア、イラク、リビア、シリア、アゼルバイジャン、トルクメニスタン、キルギスなどだ。

ウクライナは同時にイスラエルからもドローンを調達している。ロシアから侵攻された当初は、これらの外国製の強力な軍事ドローンが戦場で活躍した。そして次第に国産開発に重心を移し、先述の

「ビーバー」や、もう一つの国産機「UJ22エアボーン」を実戦に投入していくことになる。
いずれの機種も、外国から調達したさまざまな半導体が大量に使われていることは言うまでもない。

2　イージス・アショア——舞台裏の攻防

計画撤回

2020年6月25日——。

自民党の国防部会などの合同会議で、防衛相（当時）の河野太郎は言葉を詰まらせて涙ぐんでいた。

「本当に取り返しのつかない、申し訳ない、……あの、……思っております」

陸上配備型迎撃ミサイルシステム「イージス・アショア」の導入を断念したことを明らかにし、この問題のあおりで自民党の中泉松司が参議院選挙で落選した件に言及した場面である。

この前日24日、政府は午後5時に首相官邸で国家安全保障会議（NSC）の4大臣会合を開いていた。出席者は内閣総理大臣の安倍晋三、官房長官の菅義偉、外相の茂木敏充、そして河野（いずれも当時）。防衛省で検討した経緯を河野から説明し、NSCとして計画撤回を正式に決定した。

イージス・アショアは、高度な索敵や情報処理の能力を備え、飛来するミサイルを地上から撃ち落とす防衛システムだ。「イージス」はギリシャ神話に登場する全能の神ゼウスが娘のアテナイに与えた「盾」を指す。「アショア」は「陸上の」という意味である。

洋上を移動するイージス艦に対し、アショアは固定した陸上の施設から迎撃ミサイルを打ち上げる。

配備にあたっては、その防衛能力だけでなく、調達コストを検討し、地元との合意を形成しなければならない。さらにここまで述べてきたような国内政治、日米の同盟関係、防衛産業での企業競争の要素が複雑に絡み合う。

イージス・アショア問題はこのように重層的な構造をしており、一つの正解があるわけではない。だが、システムを構成する部品のレベルからこの問題を眺めると、政治の世界とはまったく別の景色が浮かび上がる。日本の防衛力を左右するイージス問題の一つの重要な要素が、半導体である。

防衛省が調達するイージス・システムの高機能レーダーには、2つの候補があった。米ロッキード・マーチンの「SPY7」と、レイセオンの「SPY6」だ。

SPYという名称は、情報工作員の「スパイ」のことではない。米軍の武器命名規則にもとづく識別コードで、1文字目は使用場所、2文字目が装備の種類、3文字目が用途を示す。Sは水上、Pはレーダー、Yは監視を意味する。

陸上のイージス・アショアではロッキードの「SPY7」の採用が決まっていたが、ロケットの第1段階にあたるブースターが住宅地などに落ちてくる懸念から地元で反対の声が高まり、前述のように計画を断念し、河野が謝罪するに至った。

スパイ6対スパイ7

複雑で高度なレーダーシステムの要となる部品が、日本メーカーが得意とする「パワー半導体」である。日本の防衛関係者によると、ロッキードは「SPY7」に富士通の半導体の採用を検討したが、同社は売り込みに失敗したとされる。

一方、レイセオンの「ＳＰＹ６」には、２０２１年夏の時点で三菱電機の採用が最有力だった。ロッキード対レイセオンの戦いは、部品から見れば富士通対三菱電機の日本企業同士の戦いでもあった。

日本の地政学的な優位性を左右するカギが、ここに隠れているのではないだろうか。超高性能のレーダーの心臓ともいえる部分が、日本の半導体だからだ。採用されるシステムに日本製が組み込まれているかいないかで、日本の立場はまったく違ったものになる。

計画を洋上に切り替えた際に、陸海での運用の仕方に照らしてロッキードの「ＳＰＹ７」とレイセオンの「ＳＰＹ６」を再び比較検討すべきだという意見が政官界から出た。だが、防衛省は、陸上で採用した「ＳＰＹ７」をそのままイージス艦に移す判断を下した。

つまり、日本製の半導体を使わないロッキード製のレーダーが、日本の対空防衛網を構成することになる。レイセオン製であれば、三菱電機が食い込んでいる。ここは大きな分かれ道だった。

２０２０年11月27日の衆議院安全保障委員会は、「ＳＰＹ７」と「ＳＰＹ６」の問題を取り上げている。議事録を見てみよう——。

質問に立ったのは、立憲民主党議員（当時）の本多平直だ。

「勝手にレーダーは『ＳＰＹ７』と決めているんですけれども、一応、防衛省の方から自信満々に『ＳＰＹ６』より『ＳＰＹ７』の方がいいということを何度も何度も私におっしゃいますけれども……」

本多は防衛省の選定に疑問を呈している。

「せっかくやめたんだったら、海に出すんだから、もしかしたら『SPY6』の方がいいかもしれないじゃないですか」

これに対して、防衛相（当時）の岸信夫は、決定に至る経緯の説明を避け、防衛省が用意した回答を読み上げただけだった。

「『SPY6』、『SPY7』につきましては、既に精緻な検討を行っているところでございます。その上で、『SPY7』の方がさまざまな点においてすぐれている、こういう結論を出したところでございますので、その上で『SPY7』を選定をしたということでございます」

防衛省の選定に戦略はあるか

防衛省がどのような理由でロッキード製を採用したかは不透明だ。まして技術の安全保障の観点から、日本の半導体を視野に入れていたとは思えない。

日本の防衛力が、米国からの輸入やライセンス供与された装備によるところが大きいのは事実だ。北朝鮮、中国、ロシアなどの周辺国が、攻撃力の高いミサイル開発を急ピッチで進めているなかで、盾となって日本を守る米国製のイージス・システムの役割は重い。

ボーイング、ロッキード、レイセオン、ゼネラル・ダイナミクス、ノースロップ・グラマンなどの米国の防衛企業は、米国防総省と一体となって軍産複合体を形成し、中ロとの技術競争でしのぎを削っている。これらの米メーカーが日本の半導体技術を必要とするかどうかで、米国にとっての日本の戦略的な価値が変わるはずだ。

ペンタゴンは安全な半導体サプライチェーンの確保を急いでいる。そのチェーンに日本のチップが組み込まれるかどうか……。

日本企業に他国に真似できない独自技術があれば、同盟国である米国との力関係も変質するだろう。米国の軍事力に頼る大きな構図は変わらないとしても、安全保障をめぐるさまざまな局面で、日本の米国に対する発言力が高まる可能性もある。サプライチェーンの要所をできるだけ多く押さえておくのが、日本がとるべき戦略ではないだろうか。

実はロッキードの「ＳＰＹ７」は、米軍のイージス用レーダーの主流ではない。海軍、空軍ともに、イージス・レーダーのほとんどにレイセオンの「ＳＰＹ６」を採用し、「ＳＰＹ７」はアラスカのアショアに使われているだけだ。日本の半導体を搭載したレーダーが世界で多く使われるほど、日本の地政学的な立場は強くなる。

日本の国土を守る自衛隊の責務を考えれば、米軍と共通の装備で連携しやすくするのは当然のことのように思える。

海上自衛隊で自衛艦隊司令官（海将）を務めた香田洋二は、２０２０年10月1日の『日経ビジネス』のインタビューで、こう語っている――。

「実績のあるブランドの改良品（ＳＰＹ６）と、最高性能をうたい文句とする新鋭車とはいえ、まだカタログしかないモデル（ＳＰＹ７）のどちらを選ぶでしょうか」

防衛の前線に立つ現場の声には説得力がある。

3　シンガポールの秘密

建国の自負

地政学の視点から世界情勢を見たとき、まず頭に浮かぶのは米国、中国、ロシアなどの大国だろう。大国が覇権を追求して、地図の上でせめぎ合う構図である。だが、世界は大国だけでできているわけではない。大国間の競争にもまれながらも、乱世を生き残ろうと知恵を絞る無数の小国がある。自分の力だけでは世界を変えられない小さな国々だからこそ、刻々と変わる世界の風景を一歩引いて観察し、客観的に情勢を判断できることもある。その典型がシンガポールだ。

「私たちがこの国を築きました」

シンガポール経済開発庁（ＥＤＢ＝Economic Development Board）のキレン・クマール副次官（当時）は、誇らしげな表情で語った。対内直接投資の動きを聞こうと２０１８年にＥＤＢ本部を訪ねたときのことである。

「資源も国土も人口も乏しいシンガポールが、約50年間で飛躍的な経済発展を遂げたのは、なぜだと思いますか？　それは外国からの投資を積極的に受け入れて、グローバル経済のハブとなったからです。私たちは技術のトレンドを分析し、先進国の企業の動きに目を凝らしています。だからこそ、シンガポールの発展を支えてくれる外国企業を選び抜いて招致できるのです」

東南アジアでビジネスを手がける外国企業であれば、ＥＤＢの名を知らぬ者はいない。ＥＤＢはシンガポールの経済成長に必要だと思われる外国企業を見つけると、業績、技術、財務だけでなく、組織内部の人間関係までを徹底的に分析する。

国の政策として誘致の方針が固まれば、その企業に照準を合わせて誘致計画を練り上げ、秘密裡に企業と交渉を進める。

情報交換のためにＥＤＢの東京駐在員と会食したことがある。会話のなかで、ある日本の大企業の次期社長レースが話題になった。シンガポール人の駐在員が日本人と変わらない流暢さで日本語を話し、話題にのぼった企業の内部の人間関係や組織の派閥抗争まで把握していることに驚いた。

ＥＤＢの職員は、政府の官僚というよりは凄腕のビジネスパーソンと呼ぶ方が似合う。幹部の一人は「我々は全員が営業員だ」と冗談交じりに語っていた。だが、営業員ではなく、情報機関のエージェントに近いかもしれない。

取引は一切秘密

法人税の減免、工業団地の賃料の割引、電力・水などインフラの提供、研究開発、人材育成への補助金……。進出する条件としてシンガポール政府が外国企業に提供する優遇メニューは多岐にわたるが、交渉の窓口であるＥＤＢと企業がどのような取引をしたのかは、一切、表には出てこない。

後発の外国企業が、先行して成功した他社にあやかって好条件を引き出そうとしても、できないのだ。ＥＤＢの手のひらの上で、外国企業同士でシンガポールへの進出を競い合うしかない。

たとえばグーグルのデータセンターは、シンガポールと台湾にある。特にシンガポールには３カ所の拠点があり、ここから東アジア全域に向けてクラウドサービスを展開している。私たちはグーグルを使って日常的にネット検索するが、そのデータは日本とシンガポールの間を激しく行き来していることになる。

なぜ日本ではなくシンガポールなのか――。土地の値段は日本より高いはずだ。地震がないこと、海底ケーブルのハブであることなど（前掲図表4－1）、いくつか理由を挙げることはできるが、決定的な理由はグーグルの側ではなく、シンガポール政府の側にある。

世界中のデータを掌中に収める同社を国内に招くことが、シンガポールにとって重要な戦略だからだ。好条件でグーグルとEDBとの間で秘密合意がなされたことは想像に難くない。

無形価値のかたまりであるデータは、20世紀までの石油に匹敵する戦略物資といえる。たとえ政府がデータの中身や扱いに介入しないとしても、データの物理的な所在地が国内にあることで、国家として安全保障を高めることができる。

データという貴重な資源を手にしていれば、対外的に強い立場となり、通商、外交など外国との交渉を優位に進めることができるかもしれない。万が一、有事となれば、米軍はデータセンターを守ろうとすると考えてもいいだろう。グーグルを誘致することが、シンガポールの安全保障政策なのだ。

EDBの次のターゲットは

そのEDBが、いま照準を定めているのが半導体だ。

あまり知られていないが、シンガポールは東南アジアで最大の半導体生産国である。銀行や投資フアンドが集結するアジアの金融ハブが「表の顔」だとすれば、ＩＴ分野に特化した製造業という「裏の顔」がある。エレクトロニクス産業がＧＤＰに占めるシェアは８％で、このうちの約８割が半導体関連だ。

東京23区ほどの狭い国土のなかに、多くの半導体工場が点在している。米国のマイクロン・テクノロジーが３カ所、同じく米国のグローバルファウンドリーズが２カ所、欧州のＳＴマイクロエレクトロニクス、台湾の聯華電子（ＵＭＣ）も製造拠点を置く。

このうち最大規模のマイクロンはＮＡＮＤ型フラッシュメモリーを生産し、雇用規模は５０００人以上だ。グローバルファウンドリーズはＴＳＭＣ、サムスン電子に次ぐ世界第３位の半導体受託製造会社である。これらの外国の半導体メーカーは、雇用の面でもシンガポール経済への貢献が大きい。

「私たちはシンガポールに素晴らしい施設を持っています。その生産能力を追加する予定です」

グローバルファウンドリーズＣＥＯのトム・コールフィールドは、２０２１年４月12日にホワイトハウスの「半導体ＣＥＯサミット」に召喚された翌日、米ＣＮＢＣのニュース番組に出演してシンガポール工場の生産を増強する計画を明らかにした。

シンガポールでの生産は、同社の売上高の３分の１を占める。世界的な需要拡大に対応するため、今後２年間で40億ドル以上を投じ、２０２３年までに最新鋭の設備を備えた新工場を建設するという。主な供給先は、半導体不足が深刻化した自動車の分野だ。

ちなみに同社の大株主は、ＵＡＥのアブダビ政府系ファンド、ムバダラ・インベストメントである。ムバダラは２４３０億ドル（約36兆４５００億円）の運用資産を動かし、ソフトバンクグループのソフトバンク・ビジョン・ファンドへの大口出資者としても知られる。米国最大のファウンドリーは、アラブの石油マネーが実権を持つ。

対立が深まるほど優位性が高まる

「半導体の受託製造の約70％が、中国から数百マイルしか離れていない台湾で行われています。しかも、たった1社からの供給です。これが世界経済にとって巨大なリスクなのです」

グローバルファウンドリーズCEOのコールフィールドは、前述の番組のなかで台湾勢への対抗心をにじませた。1社とはもちろんＴＳＭＣのことだ。グローバルファウンドリーズには、２０１９年前後に微細化の技術競争でＴＳＭＣに敗北を喫した苦い経験がある。

コールフィールドが胸の内に秘める構想は、シンガポールを中心とするサプライチェーンの再編だろう。シンガポール工場を強化することで、アジアでの主役の座を台湾から奪い取るほどの勢いが感じられた。明確な意志に満ちた発言の裏に、半導体戦略を始動したバイデン政権の意向が働いているのは間違いない。

ただ一ついえるのは、他の半導体メーカーによる買収や合併が起きた場合でも、シンガポール工場の戦略的な価値が再編劇の行方を左右するということだ。バイデン政権は、シンガポールの半導体工場が米国の影響力が及ばない相手の手に渡ることを許さないだろう。

この状況をシンガポールの視点で見れば、米中の対立が深まるほど、シンガポールの地政学的な優位性が高まることになる。

戦略的誘致でエコシステムを築く

これまでにＥＤＢが誘致に関わった外国半導体企業のリストを眺めると、戦略的に組み上げたシンガポールの投資ポートフォリオが浮かび上がる。誘致した企業はマイクロン、グローバルファウンドリーズなど米国の比重が最も大きいが、どちらかというと業界内でマイナーな存在である欧州のＳＴマイクロエレクトロニクスも、あえて入れている。さらには台湾から、ＴＳＭＣに水をあけられているＵＭＣを招いている。

半導体そのものだけでなく半導体の製造を支える機器メーカーも揃っている。製造機器で世界最大のアプライド マテリアルズをはじめ、検査装置で最大手のＫＬＡテンコール、成膜、エッチング、洗浄などの前工程の装置を製造するラムリサーチ、組み立て、パッケージなどの後工程の装置をつくるキューリック・アンド・ソファ・インダストリーズなどだ。

いずれも米国の企業である。消費者には馴染みが薄いが、これらの機器メーカーの存在なくして半導体産業は成り立たない。

米中の対立が後戻りできないレベルに達し、台湾危機を視野に入れたのだろう。シンガポール政府は22年からさらに誘致を加速し、猛烈な勢いで半導体工場の建設ラッシュが起きている。

残念ながら、というべきだろう。日本の半導体企業は、ポートフォリオに組み入れられていない。

「私たちは半導体のメーカーだけでなく、グローバルな半導体バリューチェーンの全体を見ています」

あるＥＤＢ幹部の言葉だ。ＥＤＢは２０２１年から25年までの研究開発ロードマップを描き終え、そのなかで政策的に注力すべきエレクトロニクスの技術分野を特定しているのだという。

人件費が高く国土が狭いシンガポールに、半導体産業のすべてを呼び込むことはできない。だが、バリューチェーンのうえで欠かせない特定の技術を厳選して、戦略的に企業を誘致することはできる。一点張り戦略である。ＥＤＢに招かれた企業は誇りに思うべきなのかもしれない。

いまはどの分野に最も注目しているのだろう――。このＥＤＢ幹部は「普通の人は知らないようなニッチ（隙間）な技術ですよ」と笑って言うだけで、教えてはくれなかった。

小国の知恵

シンガポールに、かつてフォード・モーターの自動車工場があったことをご存じだろうか。１９４２年に英国軍が日本陸軍中将の山下奉文に降伏した場所として知られ、いまは日本の占領時代の残酷な歴史を伝える展示館になっている。

やがて１９６０年代には衣料品や家電製品などの労働集約型の産業に軸足を置くようになり、70年代に入るとコンピューターの部品やソフトウエアなど技術集約型へと移行していった。技術のトレンドを先取りし、その時々に付加価値が高い産業に惜しみなく投資してきた。

19世紀、大英帝国の東インド会社の社員だったトーマス・スタンフォード・ラッフルズは、マラッカ海峡が戦略的な要衝であると看破し、通商の拠点をマレー半島の先端にあるシンガポールに移した。欧州から来た船舶は、この狭い海峡を通らなくては東アジア世界に抜けられない。大英帝国は貿易の動脈を押さえることで、アジアの制海権を手中にした。

現在のシンガポールでＥＤＢが繰り出す政策にも、東インド会社の時代に共通する発想が感じられる。半導体サプライチェーンのどこを押さえれば、国家の存在価値を高められるかを考え抜いている。軍事力に頼らずに独立を守り続ける、小国としての国家安全保障の知恵だ。
そのシンガポールがいま、最も注視しているのが、半導体である。

4 秘境コーカサスのシリコン・マウンテン

一つの「国家」が消えた

2023年9月28日のことだった。ロシアとトルコに挟まれたコーカサス地方で、一つの「国家」の消滅が決まった。「アルツァフ共和国」である。

この共和国の名を知る日本人はそう多くはいないだろう。アゼルバイジャンの領土の内側にあるが、敵対するアルメニア人が実効支配していた地域のことだ。西側に位置するアルメニアから見れば、飛び地ということになる。

1991年にアルメニア系の住民がアゼルバイジャンからの独立を一方的に宣言し、アルツァフ共和国を名乗った。首都はステパナケルトにあり、一院制の議会を持つ大統領制の民主主義の「国家」だ。括弧書きで「国家」と記したのは、国際的には未承認で、アゼルバイジャンの一部と見なされてきたからだ。

公式な地図の名称でいえばナゴルノ・カラバフ地方という。〝本国〟のアルメニアとは幅5キロほどのラチン回廊という陸路でつながっている。面積は東京都の約1・5倍。人口は12万人にすぎない。

この日、アルツァフ共和国の大統領が、翌年1月1日にすべての行政機関を解散すると発表した。イスラム教シーア派が主流のアゼルバイジャンと、キリスト教のアルメニアの紛争は米ソ冷戦時代の80年代から続いていたが、23年9月19日に始まった軍事衝突でアゼルバイジャン側が一方的に勝利したことで、共和国であり続けることを断念したというわけだ。

ここでなぜコーカサスの話題を持ち出したかといえば、アゼルバイジャンとアルメニアの紛争が実は半導体と大いに関係があるからだ。その理由をつづっていきたい。

隠れたIT国家

黒海とカスピ海に挟まれたコーカサスは、異なる言語、文化、宗教を持つ50以上の民族集団が入り組み、「地球上で最も多様な地域」といわれる。東西と南北の交易路が交差するシルクロードの要衝であり、有史以来、大国の侵略と紛争が絶えたことはない。

日本から遠いため、イメージが湧きにくく、グローバル経済とは縁遠いようにも見えるが、実は半導体の地政学を考えるうえで、このコーカサス地域は無視できない。旧ソ連邦で電子・電機産業を担当していたアルメニア共和国がここにあるからだ。

コーカサスには3つの独立国と、3つの事実上の独立国、11の非独立の自治区がある。独立国家として国際的に承認されているのはジョージア、アゼルバイジャン、アルメニアの3カ国である。

アルメニアは隠れたIT国家だ。石油・ガスなど天然資源が豊富なアゼルバイジャンや、物流ハブとして地の利があるジョージアと違い、アルメニアは地理的に恵まれているとはいえない。このため

図表8-1　コーカサス地域の知られざるIT国家アルメニア

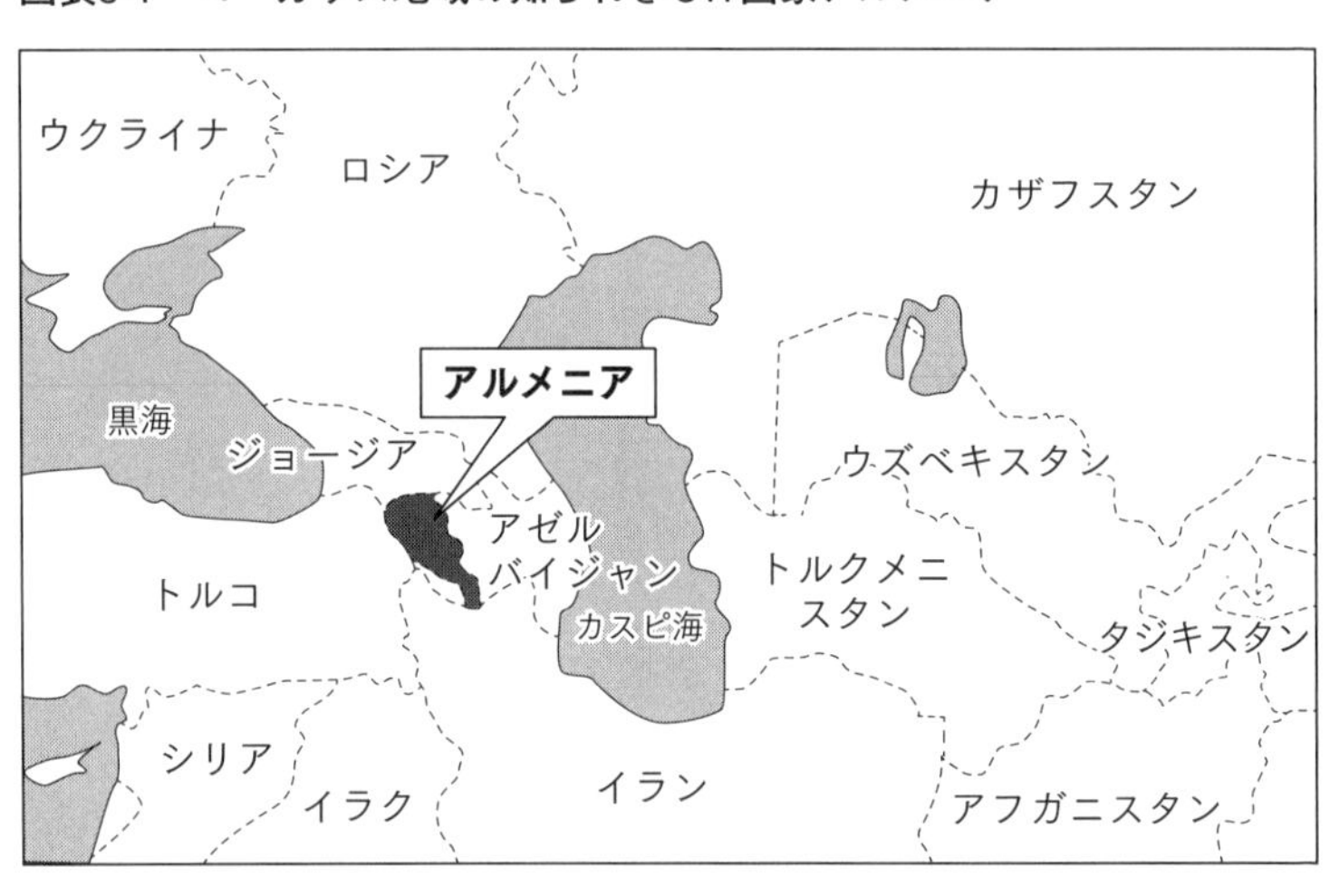

過去も現在もロシアへの経済的な依存が大きく、冷戦時代にはソ連の計画経済によってＩＴ産業が育成された。政策の後押しで情報工学が発達し、「ソ連のシリコンバレー」と呼ばれた時期もある。

１９５５年に数学者のセルゲイ・メルゲルヤンが中心となって首都エレバンに設立した「コンピューター研究所」が、中核的な役割を担っている。最盛期には約1万人のエンジニア、研究者を抱えていたとされ、59年に真空管を使ったコンピューターの開発に成功した。

さらに１９６４年には半導体によるコンピューターを完成させている。米国のＩＢＭに対抗するコンピューターを開発しようと、ソ連がアルメニアの研究所の尻を叩いた成果である。

こうしてソ連邦の各国に電子機器を供給する役割を担うようになった。特にソ連の軍用電子機器は、その3分の1がアルメニアで開発、生産されていたという記録が残っている。

冷戦の遺産を受け継いで、首都エレバンには半導体産業の基盤があり、現在でも少なくとも1カ所の半導体工場が稼働しているとみられる。人口300万人弱の小国でありながら、IT分野の雇用数は1万7000人に及び、企業数は2019年時点で約650社、スタートアップ企業を含めると約800社ある。

世界銀行が2020年1月に公表した報告書によれば、アルメニアのIT製品の年間輸出額は09年の9400万ドルから17年には2億1200万ドルに増え、2倍以上の伸びを見せた。報告書が「アルメニアのIT産業はグローバル・バリューチェーンに組み込まれつつある」と指摘しているほどだ。

世界に散る巨大ディアスポラ

アルメニアという国に足を運んだことはなくても、米欧の映画や小説にアルメニア人のキャラクターが多いことに気づいている方は多いかもしれない。国は小さいが、民族としての「アルメニア人」には存在感がある。

それには理由がある。19世紀末から20世紀初頭に、オスマン帝国によるアルメニア人の大虐殺（ジェノサイド）が起き、迫害を逃れるために多くの人々が国外に脱出したからだ。

彼らは北米や欧州でも民族のアイデンティティを守り、濃厚なコミュニティーを形成した。祖国を離れて暮らすディアスポラは現在約750万人と推定されている。国内の人口が300万人弱だから、その2倍以上のアルメニア人が国外にいることになる。この巨大なディアスポラの存在が、対内投資を通して同国のＩＴ産業を支えている。

アルメニア人は知的水準が高く商才に長けているとされる。半ば冗談のように語られているのが、同じディアスポラ民族であるユダヤ人との比較だ。

普通の人は3人かかっても1人のユダヤ人にかなわないが、ユダヤ人が3人かかっても1人のアルメニア人にかなわないというジョークがある。これは日本マクドナルドの創業者の藤田田がその著書のなかで語った言葉だが、あながちまったくの作り話とはいえない。アルメニア人が米欧社会で一目置かれる人々であるのは間違いない。

アルメニアのＩＴ産業を構成する企業の多くは、外国から進出した電子機器、半導体メーカーだ。特に2004年に進出した半導体設計システム世界最大手、シノプシスの存在感は大きい。シノプシスは半導体チップを設計するために必要なＥＤＡと呼ばれるソフトウエアを開発する米シリコンバレーの企業で、この分野で世界シェアの首位を独走する。

半導体メーカーはＥＤＡがなければチップを設計できない。このためＥＤＡを提供する企業は、半導体バリューチェーンの上流の地位を占めるともいえる。トランプ政権が2020年5月にファーウェイへの制裁で米国製のソフトを輸出禁止にしたのは、シノプシス製などのＥＤＡの供給を断ち、ファーウェイの開発能力をつぶすのが狙いだった。実際にトランプの戦略は成功し、ファーウェイは半導体チップの設計・開発の道を断たれた。

そのシノプシスがいち早くアルメニアに進出し、現在は1000人規模でエンジニアを擁している。ＥＤＡ世界3位の米メンター・グラフィックス（現シーメンスＥＤＡ）もシノプシスの後を追い、さらに計測・制御ソフトの米ナショナルインスツルメンツが２００５年、ソフト最大手の米マイクロソフトが06年、同2位のオラクルとネットワーク機器最大手のシスコが14年に、それぞれ首都エレバンに開発拠点を設けた。

アルメニアのディアスポラが社会に浸透した欧米では、同国は心理的に遠い場所ではない。ＩＴ人材に富む国への進出は、自然な流れだったといえるだろう。

２００１年にアルメニア政府は「ＩＴ産業開発コンセプト」を策定し、半導体設計ビジネスを経済成長の柱に据えた。資源を持たない小国がグローバル競争で生き残るための、死活をかけた産業政策の戦略である。

秘境を襲った地政学的異変

その半導体の秘境ともいえるアルメニアで、いま地政学的な異変が起きている。

２０２０年9月末に隣国のアゼルバイジャンとの間で武力衝突が起き、アルメニア側の発表によると１２００人もの死者が出たのだ。アゼルバイジャン領内だがアルメニアが実効支配しているナゴルノ・カラバフ地域の領有権をめぐり、両国の敵対感情が爆発した結果だった。

そもそもアルメニアとアゼルバイジャンは、歴史的に犬猿の仲である。アルメニアは世界最古のキリスト教国であり、アゼルバイジャンはイスラム教シーア派の国だ。アゼルバイジャンの主要民族であるアゼル人はトルコ系であり、アゼルバイジャンとトルコは一心同体といっていい。そして、アルメニア人は、第一次世界大戦期に、トルコの前身であるオスマン帝国による大量虐殺によって１５０

万人の同胞が犠牲になった過去を忘れていない。

両国は１９８８年から94年まで激しい戦争状態にあり、94年にロシアの調停でようやく停戦合意にこぎつけた経緯がある。とはいえ、根っこにある民族対立が解消するはずはなく、現在に至るまで一触即発の状態が続いていた。

両国の対立を舞台裏から眺めれば、アルメニアの陰にいるのはロシア。アゼルバイジャンを支えるのはトルコである。アルメニアにはロシア軍の基地があり、武器供与も受けている。トルコはシリア人傭兵を前線に送り込み、ドローンを使った攻撃も仕掛けたとされる。

代理戦争

２０２０年９月の武力衝突は、ロシアとトルコの代理戦争の色彩も帯びる。両国は黒海とボスポラス海峡の制海権をめぐり、16世紀から戦いを繰り返してきた。ロシアは黒海のクリミア半島の軍事拠点から、ボスポラス海峡とダーダネルス海峡を通って、地中海に抜けることができる。コーカサスはロシアの南下政策の要だ。対するトルコは、米欧の軍事同盟、北大西洋条約機構（ＮＡＴＯ）の加盟国である。

コーカサスを舞台とした民族対立に終わりは見えない。ロシアにとっては、同盟国であるアルメニアのＩＴ産業が、手中に収めておきたい貴重な資産であるのは間違いない。20年の武力衝突を機に、さらに影響力を強める動きに出るだろう。

一方、アルメニアの立場からすれば、主に米国からの直接投資で成り立つ国内のＩＴ産業が、国家の自立を保つ頼りとなる。アルメニアを外から応援するのが、米ワシントンで強力なロビー活動を繰り広げるディアスポラだ。

米国のトランプ政権は一時アゼルバイジャンを援助する姿勢も見せたが、20年10月にアルメニアと連携していると語った。衝突が起きた直後に「この紛争を監視している」とも述べ、状況次第では米国が介入する可能性を示唆している。

バイデンは21年4月に、米大統領として初めて、トルコの前身オスマン帝国によるアルメニア人の大量虐殺を歴史的事実として認める声明を出した。米国はアルメニア人を支持するという意思表明だ。

舞台裏のプレーヤーは、これだけではない。トルコの陰にいるイスラエルはアゼルバイジャンを軍事的に支え、偵察ドローン、自爆ドローンなどの高度な兵器を供与したようだ。米国政府がとるべきコーカサス政策の方向をめぐり、ワシントンではユダヤ人とアルメニア人によるロビイング競争が激しさを増している。デジタル・シルクロード構想を掲げ、中央アジア、東欧への影響力を高めようとしている中国も、黙って見てはいないだろう。

イスラエルが飛ばしたとみられるドローン兵器は、イスラエル製のチップを搭載し、正確に目標を爆撃したとされる。ロシア製のアルメニア戦車部隊は歯が立たなかった。ここでも戦闘の影の主役は半導体だった――。

column

プーチンのレトロ戦略

ここに一つのロシア語の冊子がある。タイトルは「2030年までのロシア連邦の電子産業の発展のための戦略」。

冒頭に記されているのは、「ロシア政府の産業貿易省が他の行政機関と連携し、電子産業戦略の実行を監督し、遂行状況をモニターする」という指示だ。日付は2020年1月17日。ロシア首相ミハイル・ミシュスチンの署名がある。大統領ウラジーミル・プーチンが指名し、税務局長官から抜擢された57歳の行政トップである。

この戦略には、国家プロジェクトとしての具体的な目標をまとめた「行動計画」が付属している。GDPに占めるエレクトロニクス産業の比率を2030年までに3・5%まで高め、国内市場でロシア企業が占めるシェアを59・1%に高めるなど、細かく刻んだ数値が並んでいる。過去のデータが記されていないため、現実味がどれほどあるのかは不透明だが、少なくともロシア政府が重視する技術の分野は分かる。

その中心にあるのが半導体だ。たとえば微細化技術では「回路線幅が5ナノメートルの製品開発」と明記し、最前線を走る台湾のTSMCに匹敵する目標を掲げている。さらに光信号と電子信号を一体化して扱う光電融合チップや、96層の立体加工、集積回路の設計ソフトなど、2030年に向けてロシアが重点的に開発を進めるべき領域について詳細な記述が続く。

見逃せないのは、「海外からのロシア国内への生産の移転」「製造に特化したファウンドリーとして稼働するシリコン工場の確立」と記している点だ。外国企業との合弁や協業を通して技術を習得し、サプライチェーンを国内に築く意図が読み取れる。

これまで外国からの輸入に頼っていた半導体の供給を、自給体制に切り替え、そのために必要なファウンドリーをロシア国内に建設する構想とみられる。考えていることは米国と同じだ。

ロシア政府が戦略を策定したのは、2019年のようだ。これは米中対立が最高潮に達した時期に重なる。米国が中台間のサプライチェーンを断ち、中国のファーウェイが孤立していった様子を、ロシアはじっと観察していたのだろう。

半導体は開発・設計だけでなく製造が重要であり、国内にファウンドリーを持たない限り、自立した半導体産業を築けないとの認識に至ったに違いない。

ほとんど存在が知られていないが、ロシアには半導体の開発拠点がある。モスクワにある研究開発企業のMCST（Moscow Center of SPARC Technologies）が、インテルやAMDと異なる設計思想にもとづくCPUを開発し、「エルブラス（Elbrus）」の名で製品を公開している。2020年に発表した最新型は16ナノの線幅で、スーパーコンピューターや軍事用に使われている模様だ。

ちなみに会社名に含まれる「SPARC」とは、米国のサン・マイクロシステムズ（現オラクル）が開発したチップを動かすための命令セットのことである。ただし、現在開発しているチップはロシア独自の仕様を採用していて、サンとの関係は薄い。

MCSTは、ソビエト連邦が崩壊した直後の1992年3月に設立された。前身はソ連軍にコンピューターを供給していた国営企業だ。ソ連が冷戦時代に米国と技術を競い合っていたことを考えれば、情報工学の分野で人材と研究成果の蓄積が大きいことは容易に想像できる。ミサイルの弾道計算や宇宙ロケットの制御など、当時としては世界の最先端をいく研究の拠点がMCSTだった。

エルブラスのチップは、データの処理方式が特殊であるため、外部からハッキングしにくい。情報セキュリティーの面では優れたチップともいえる。ロシアが採算性を無視して開発を続けている理由は、このあたりにありそうだ。

ロシアの半導体産業に将来性はあるだろうか――。設計はできたとしても、製造ができるわけではない。

MCSTはファブレス企業であり、エルブラス・チップの製造は国外のファウンドリーに委託していた。委託先は実は台湾のTSMCである。米中だけでなく、ロシアもまたTSMCに依存していたわけだ。

ロシアの2018年の貿易統計を見ると、IC（集積回路）、電子基板、抵抗、トランジスター、ダイオードなど電子部品の最大の輸入相手国は中国で、台湾がこれに続く。このなかには、ロシアが開発してTSMCが製造したチップも含まれているはずだ。

使い古された電気製品の山で、1970年代のソ連製チップを探し回る酔狂な収集家がいる。ロシア語の刻印がある無骨なつくりに、レトロな趣があるそうだ。

この人物のコレクションを見ると、かつてソ連邦の各地に半導体工場が存在したことが分かる。チップの表面に記された生産地は、ジョージア、ラトビア、エストニア、ウクライナなど10カ所以上に点在している。

なかでも中心的な役割を担う拠点が、モスクワ郊外のゼレノグラードだった。冷戦崩壊までは「ソビエト版シリコンバレー」の役割を担ったとされるが、ソ連崩壊とともに工業団地は閉鎖された。

現在のゼレノグラードでは、ミクロン（Micron）とアングストルム（Angstrom）の2社の半導体メーカーが活動している。ロシア政府はTSMCへの依存から脱却するため、エルブラス・チップの生産を、台湾からミクロンに移行させる計画のようだ。2021年の時点で既に一部の製造が始まっているとの情報もある。

とはいえ、2022年に開発を終える予定だったエルブラスの新型チップは、最先端の技術である線幅7ナノで設計していたと伝えられる。この水準で製造できるのは、いまのところTSMCとサムスン電子だけだ。ミクロンの実力は定かではないが、アジアのファウンドリーに追いつくのは簡単ではないだろう。

あるいは、ロシアの半導体ファブレス企業は今後、中国のファウンドリーに頼るようになるだろう。中国最大の中芯国際集成電路製造(SMIC)は、23年に7ナノでの量産を開始した模様だ。半導体でのロシアの中国への依存が高まっていく。

ゼレノグラードとは別に、ロシア政府はモスクワから東に飛行機で1時間ほどの距離にあるニジュニ・ノブゴロド市にもIT産業の拠点を設け、外国企業の誘致を積極化している。これまでに米国のインテル、中国のファーウェイ、韓国のサムスン電子が買収して傘下に入れた米電子機器メーカーのハーマンなどが、研究開発の拠点を置いた。外国企業にとっては、ロシアのIT人材の活用が狙いだ。

軍事技術の先進国だったロシアには、ソフト開発を中心にIT人材の厚い層がある。この分野のエンジニアの数は約10万人にのぼり、米国とインドに次ぎ世界第3位だ。人件費は安く、モスクワでは東京のほぼ半分の賃金でエンジニアを雇えるという。

外国企業とロシア政府が、人材獲得をロシア国内で競い合うという奇妙な構図になっている。

終章

2030年への日本の戦略

グーグルの量子コンピューター（提供：グーグル／ロイター＝共同）

伝統的な地政学は、国家の領土を広げるための戦略を地理条件から分析するアプローチだった。そこにインターネットが登場したことで、サイバー空間という新たな戦いの場所が生まれ、覇権を目指す国々はここでも勢力を競うようになった。陸海空を制する攻防があるように、サイバー空間でも、さらには人間の思考をコントロールする認知空間でも、陣取り競争が始まっている。

戦争は、銃や爆弾で大勢の人の命を奪うだけではない。ウクライナでは通信ネットワークやSNSを舞台とするサイバー空間で攻防が繰り広げられた。支配されないために国家や企業は何を守ればいいのか――。その一つの答えが半導体である。

サプライチェーンの奪い合いが激しくなるなかで、日本が生き抜く条件を探らなければならない。

1　環太平洋半導体同盟

国防総省の知られざるミッション

コロナ禍のなかで来日した米政府の外交官から、こんな話を聞いた。

米国防総省の技術開発部門が、技術の専門家を定期的に日本に派遣している。しかし、防衛省や外交・安全保障関係の省庁との打ち合わせはそこそこに、日本の企業を密かに回るのだという。電子業界のメーカーを重点的に訪問し、いまどんな技術を開発していて、どのようにセキュリティー対策を行っているかをヒアリングするためだ。

「かれこれ10年ほど続いている行動パターンですが、第2次安倍政権が『防衛装備移転3原則』を閣議決定してから、情報収集が活発になりました」

おそらくDARPA（国防高等研究計画局）のミッションだろう。2〜3日間の滞在で10社以上を駆け足で回ることもあるそうだ。2014年4月の閣議決定は、防衛関連の日本の技術を海外に移転するルールを定めている。このおかげで米国は日本企業と協力しやすくなった。

国防総省の担当者がしていることは、日本企業が持つ技術の定期点検だ。集めた情報をもとにして、ワシントンで技術の世界地図を描いている。軍隊の作戦に地勢図や海図が欠かせないのと同じように、安全保障に関わる技術戦略を練るためには、最新の技術の地図が要る。その地図の上に、日本企業がしっかりと記されている。

温存する切り札

サプライチェーンを自由な市場に委ねたままでは、国の安全は守れない。TSMCとハイシリコンの中台間の貿易から、米国が学んだ教訓である。半導体が戦略物資であるならば、政府はその所在を知って、取引に介入する必要がある。

日本は価値観をともにする米国と連携して、大事な技術を守らなければならない。とはいえチェーンの管理を丸ごと米国に任せれば、日本の立場はむしろ弱くなってしまう。

たとえ同盟国であっても切り札をすべて渡すのは戦略として正解とはいえない。緊張感のある同盟関係が、技術の安全保障の基本であるはずだ。もちろん切り札となるような技術を、日本が持っていればの話だが……。IBMから技術供与を受けて、さらに高度な量産技術の確立を目指すラピダスは、日本にとって戦略的価値を生み出せるだろうか。

戦略物資の管理に携わっていた官僚ＯＢに率直に聞くと、こんな答えが返ってきた。

「たとえば一般にはまったくと言っていいほど名前を知られていないような中小企業が、量子コンピューター用のチップ開発に絶対に欠かせない技術を持っています。どんな技術かって？　そんなこたぁは口が裂けても言えませんよ」

なるほど、切り札を誰にも明かさないのは当然だ。ましてや新聞記者になど話すはずもない。

だが、貿易立国の日本は、安全保障や機密保全だけでなく通商政策の視点からも半導体戦略を考えておくべきだろう。管理貿易の方向にばかり目が向けば、企業の活力を削ぐことにもなりかねない。

自由貿易の原則を守りながら、安全保障の要素をバランスよく組み込む――。求められているのは新しい国際ルールである。そのために日本は、どんな戦略をとればいいのだろう。

通商政策の舞台によじ登る国々

２０２１年９月16日――。中国がＴＰＰへの加盟を正式に申請した。正式な名称は「環太平洋パートナーシップに関する包括的及び先進的な協定」。トランプ政権が離脱した後に日本が奔走してまとめ上げた、いわゆるＴＰＰ11である。

加盟がすんなりと認められる可能性は低いが、米国が管理貿易に傾斜し、自分のルールを他国に押しつけるなかで、自由貿易の旗を掲げる中国の動きは速かった。

その１週間後の９月22日。中国の後を追うように、今度は台湾当局がＴＰＰ加盟を申請した。

「中国は常に、台湾が国際社会と連携することを阻もうとしてきました。もし中国が先に加盟してしまえば、台湾の加盟は大きなリスクにさらされます」

台湾当局の通商政策のトップである鄧振中政務委員（閣僚）は、記者会見でこう述べて、中国への対抗心をむき出しにした。これまでは自由貿易協定に声がかからなかった台湾だが、今回ばかりは電光石火の早業で自ら舞台に躍り出た。

台湾は半導体サプライチェーンの要衝を占める。世界最大のファウンドリーであるＴＳＭＣは、米国や日本から強烈なラブコールを送られる立場になった。いまや自分たちが地政学的に強い地位に立っていることを自覚したうえでの自信。研ぎ澄まされた外交戦略である。

中台の動きに先行して、21年6月には英国が正式にＴＰＰ加盟交渉を始め、23年7月には正式に承認されている。ＥＵの束縛を離れて自由になり、生き生きと独自の通商政策を打ち出しているように見える。

その意欲は、半導体サプライチェーンの上流を握るアームの存在と無縁ではないだろう。英国が外国に輸出する工業製品はそう多くはないが、アームの半導体ＩＰを外国企業にライセンス供与するという、目に見えないサービスの輸出がある。

英国の戦略は次第に明らかになった。首相のリシ・スナクは23年5月に広島で開いたＧ７サミットの場で、「日英半導体パートナーシップ」を発表した。スナク自身が「半導体の野心的な研究開発や技能の交流、サプライチェーンの強靭化で日英が協力し合う」と述べている。世界の半導体の地政学ゲームに、プレーヤーとして名乗りを上げたのだ。

通商政策だけではない。英海軍の空母艦隊は21年9月末に南シナ海に入り、台湾周辺の海域を目指して北上した。中国の鼻の先で、英国の姿をちらつかせたのだ。かつて世界の覇権国だった英国が、2世紀の空白を経て、いま再びアジア太平洋地域への関与を強めている。そして、半導体サプライチェーンに自ら割り込んでいこうとしている。

バイデン政権はこの状況を見過ごしたくなかったはずだ。そもそもアジアに網をかけるTPPは、同じ民主党のオバマ政権が提唱した構想である。トランプが協定を破棄して飛び出したものの、国務省やUSTRには再加盟のチャンスをうかがう声が強かった。だがバイデンを取り囲む政治状況がそれを許さない。

23年11月14日――。サンフランシスコに集まった14カ国の閣僚が、IPEF(インド太平洋経済枠組み)で大枠の合意に達した。

IPEFとは、頓挫したTPPに代わりバイデン政権が打ち出した経済協力の枠組みである。22年9月から交渉を始めてはいたが、実際の中身はTPPと似て非なるものだ。TPPのように拘束力を持つ国際協定ではない。

案の定というべきだろう。東南アジアの国々は米国が求める貿易の自由化に反発し、サンフランシスコでの合意は脱炭素や税金逃れ対策などにとどまった。半導体のサプライチェーンに関わる貿易分野や、データ流通などデジタル貿易のルールづくりでは、まったく溝が埋まらなかった。
はっきりいえば、アジアの新興国、途上国は、バイデン政権をなめてかかっている。米国が経済的な支援をしてくれるのは結構だが、貿易、投資、デジタルで米国が新しいルールをつくろうとしても、途上国にとって旨味はない。バイデンが旗を振っても、アジア諸国は踊らない。半導体サプライチェーンを支配したくても、通商政策での米国の主導力は明らかに衰えている。

米国が抜けたTPP11の舞台には中国、台湾、英国、韓国がよじ登る。その一方で、IPEF構想は東南アジア諸国の心をつかめないでいる。
それぞれの思惑を抱くアジア太平洋のプレーヤーたちに、どう動いてもらえば新しい国際ルールをつくれるか——。TPP11の生みの親として、日本が矢継ぎ早にアイデアを示し、各国の議論を先導することができるはずだ。面白そうな演劇が始まれば、米国も観客席に座っていられず、必ず舞台に上がろうとする。混沌のなかに日本のチャンスがある。

新興国を巻き込む

21年9月24日——。日本、米国、オーストラリア、インドの4カ国は、ワシントンで初めて対面でQuadの首脳会議を開き、先端技術の分野で協力し合うことで合意した。半導体は焦点の一つだった。民主主義国同士で協調し、安全で安定したサプライチェーンを築く。
名指しこそ避けたが、狙いは中国の囲い込みである。翌週に退陣が決まっていた菅義偉首相が、最後に打ち上げた外交成果だった。

米国の同盟国である日豪はともかく、インドは米国と軍事的に結ばれた国ではない。それでも4カ国が先端技術で連携するのは、軍事戦略と同等の価値を技術戦略に見出しているからだ。半導体を接着剤に、新たな同盟関係が世界のあちこちで生まれている。

半導体は〝武器〟であり、半導体サプライチェーンで連携すること自体が地政学的な国家戦略となる。Ｑｕａｄに限らず、途上国、新興国をも巻き込んださまざまな国の組み合わせで「半導体同盟」とも呼べる連携が、これからさらに進んでいくだろう。

日英半導体パートナーシップは象徴的な例だ。23年8月に日米韓の首脳会談で発表された「キャンプデービッドの精神」にも半導体が明記されている。インド太平洋、とりわけ環太平洋、そのなかでも新興国をつないで半導体サプライチェーンが網の目のように交差する南シナ海が主戦場となるのは間違いない。

半導体をめぐる議論で、米国の国防関係者がよく口にするキーワードが2つある。「Trusted Foundry（信頼できる半導体ファウンドリー）」と「Zero Trust（ゼロ・トラスト＝何も信用しない）」だ。

1つ目は、「そこで生産される半導体チップなら信用できる」という工場を、あらかじめ指定しておく考え方。2つ目は、資材を調達したり、通信網を使ったりする際に、「デフォルト」として何らかのリスクが潜んでいることを前提にするという意味である。

国防総省の念頭にあるのは武器に使える高度な技術の領域だが、米国から見て信用できるサプライチェーンを確保することが、米国の優先的な政策だ。IBMと一体になって動くラピダスは、米国にとり「信頼できるファウンドリー」になるだろう。

米国は産業向けの汎用品でも半導体サプライチェーンの管理を強めていくはずだ。7ナノ以下の最先端の技術を掌握しても、最も多く使われている10ナノ以上の生産・供給を中国に依存していたのでは本末転倒だからだ。

過去30年にわたって進んできた国際水平分業が崩壊し始めている。私たちはいま、グローバリゼーションの姿が変わる歴史的な転換点にいる。

こうした米中の戦いを他人事として眺めているだけでは、環太平洋は覇権競争の泥沼となってしまう。多くの国々が話し合って、合意の下で国際ルールを決める努力を続けなければならない。

ひとつの光明がある。シンガポール、ニュージーランド、チリの3カ国が20年6月に締結したデジタル経済パートナーシップ協定（DEPA）が、新ルールの土台になるかもしれない。データ流通やデータセンターの設置場所、ソースコードの開示など、デジタル分野での国際ルールのひな型がすべてここに書かれている。

DEPAは、いまはまだ小国の集まりにすぎないかもしれない。だが、中国、韓国、カナダは、新規加盟を求めてすかさず手を挙げた。小国が世界に問いかける国際ルールの戦略的な意味を察知しているからだ。

日本政府は協定の構想段階でニュージーランドに誘われたが、この提案を断ってしまった。日本の地政学の感度は鈍かった。

2 描く・つくる・使う

米政府がＴＳＭＣやサムスン電子を国内に誘致し、中国への技術移転を断とうとするのは、できるだけ米国内で半導体を賄えるようにするためだ。米国と同じ路線をとり、市場をリードする力は、残念ながら現時点の日本にはない。

グローバル・バリューチェーンのなかで、少しでも多くの要衝を押さえ、中国だけでなく米国にも一目置かれる立場を目指すのが、最も有効な国家戦略だろう。

そのためには、どの技術がチョークポイントであるかを見極めなければならない。自分の長所と短所を正確に理解することから、日本のシナリオづくりが始まる。

3つの性格

半導体のバリューチェーンは複雑だが、枝葉を省いて透かして見ると、技術は大きく3つの種類に分けられるのではないだろうか。

第1が半導体の図面を「描く」技術、第2が半導体を「つくる」技術、そして第3が半導体を「使う」技術である。

チップの中身を設計するファブレス企業は、電子回路の図面を描く建築家の仕事だ。ナノメートルの単位で細かな線を引き、一つのチップに機能を盛り込んでいく。

手際よく設計図を完成するには専用のソフトウエアが必要となり、組み合わせて大きな回路をつくるパーツの図面も買ってこなければならない。これらの設計ソフトや基本回路を提供する企業を含めて、設計図を「描く」というジャンルに括ることができる。これが1つ目の分野だ。

出来上がった設計図をもとに実際に製品を製造するのが、2つ目の分野である。設計図を描くのが建築家ならば、製造を請け負うファウンドリーは棟梁や大工に相当する。いくら図面が素晴らしくても、現場の職人の腕が悪ければ家は建たない。組み立てる手順を考えたり、必要な材料を調達したりする工程管理の仕事もある。

半導体の製造には大まかな分類だけでも20以上の工程があり、細かく分ければ700とも1000ともいわれる。工程ごとに異なる製造装置や素材のサプライヤーがいる。いわば、のこぎりや金槌、材木、屋根瓦などの工具、建材を職人に渡す企業だ。モノづくりに関わる企業はすべてこの「つくる」という枠に入る。

だが、忘れてはならないのが、そもそも何のために半導体チップをつくるのかを考える仕事だ。自動車エンジンを制御するためか、新型のスマホに載せるのか。用途がはっきりしなければ、どんなチップをつくればよいか分からない。用途を考えるという〝技術〟が必要になる。

家庭や職場に潜む課題は何か。課題を解決するための製品やサービスをつくるには、どのような機能を持つ半導体チップを使えばいいか——。隠れた社会ニーズに気づき、未来を先取りする眼力が欠かせない。

既製品のチップを調達するのは建て売り住宅を買うようなものだが、暮らし方は人それぞれだ。末長く住むためには、自分に合った家を建てたい。建築家や大工に腕の良し悪しがあるように、これから家を「使う」ことになる施主にも、能力の違いがある。

3種類の企業

図面を「描く」ことに専念するのが、工場を持たないファブレス企業であり、クアルコム、エヌビディア、ハイシリコンなどが代表例だ。基本的な構造の仕様書と基本回路の設計図をライセンスとして売るIPベンダーのアームや、研究開発の成果をIPとして他社に売るIBMも、このグループに含まれる。この分野には有力な日本企業がいない。

「つくる」を代表するのが、TSMCとサムスン電子である。これらのファウンドリーに製造機器を提供するサプライヤーには、米アプライド マテリアルズや東京エレクトロン。素材・部品ではシリコンウエハーの信越化学、多結晶シリコンのトクヤマ、パッケージ基板のイビデンなどがある。工程が細分化されていて企業数が多いのが、このグループの特徴である。日本はこの分野に強い。

半導体を「使う」企業としてはグーグル、アマゾンなどのプラットフォーマー、トヨタ自動車、テスラなどの自動車メーカー、アップル、マイクロソフトなどの情報端末メーカーの名が思い浮かぶ。これまではユーザーとして完成品のチップを買う側にいたが、次第に半導体を自社で設計し、半導体産業の一員として台頭してきた。

半導体チップの用途は限りなく広がっているため、伝統的な製造業からもこのグループへの参入が増えるだろう。たとえばトヨタは、自動車メーカーであると同時に半導体メーカーにもなっていく。

日本に必要な戦略は

3つのグループを挙げたが、付加価値が大きく、利益率が大きいグループはどれだろうか――。これからの日本が、どの分野で強さを発揮できるかを考えなければならない。

製造装置と素材には競争力があるが、大きく見れば、これらはすべて「つくる」グループの企業だ。たしかに他社に真似できない優れた技術を持つ製造機器、素材メーカーは、サプライチェーンのチョークポイントになりうるが、産業の性格としてみれば従属的であることに変わりはない。TSMCがアリゾナに工場を建てれば、日本企業を含めて多くのサプライヤーが「随伴投資」をするだろう。

言い換えれば、現時点で国内の機器・素材メーカーが強いといっても、肝心のファウンドリーがいなければ日本の半導体産業は復興しない。その意味で、TSMCを熊本に誘致し、ラピダスの工場を北海道に建てる産業政策は間違っていない。

だが、米政府がいち早くTSMCやサムスン電子の誘致に成功したのは、補助金だけでなく国内の広い市場によるところが大きい。半導体を「使う」技術と感性を持つ企業が多いことが、米国の最大の強みだ。

「使う」があれば、自ずと「描く」が発達する。「つくる」もついてくる。データセンターを持つ

ＧＡＦＡＭや、テスラなどの自動車分野のメーカー、消費者向けのＡＩ端末を開発する企業を筆頭に、新しいビジネスのアイデアが次々と湧き起こる土壌が米国にはある。第Ⅵ章でラピダス社長の小池が語っていた「とんでもない製品やサービスを構想する企業」の群れだ。

「こんな半導体チップがあったらいいな」と思いつく起業家精神が、米国の吸引力の本質といえるのではないだろうか。ダイナミックに進化する半導体産業を国内に集め、その結果、地政学的に強い国家であり続けることができるのは、無数のベンチャー企業、スタートアップを擁する風土があるからともいえる。

日本には設計図を描く力はある。モノづくりも得意技だ。だが、日本の「使う」は、発展途上である。半導体産業の復興は、未来の社会を描くユーザー企業の想像力にかかっている。

3　発熱を止められるか

シリコンサイクルの壁

日本の半導体産業の復興の条件を、ビジネスの面から考えてみよう。半導体産業には、乗り越えなければならない大きな壁がいくつかある。

一つは、この産業に特有の「シリコンサイクル」と呼ばれる現象だ。これがなかなか厄介な代物で、需要と供給が追いかけっこをするように、ほぼ４年の周期で好不況が訪れる。

循環が起きるメカニズムには諸説あるが、根っこにあるのは、工場を一つ建てるだけでも兆円単位でカネがかかること。そして部品・材料や製造機器のサプライチェーンが複雑であることだろう。

半導体メーカーは巨額の投下資本を回収するために、できるだけ生産の量を維持したい。このため需要が減ると在庫が一気に積み上がり、値崩れが起きて業績が悪化する。再び需要が回復する局面では設備投資を増やすが、建設が終わって1～2年後に工場が動き出す頃には、また需要が落ち始める……。この繰り返しだ。

機敏に生産を調整できないのは、需要を先読みできないからだけではない。無数の部品・材料のサプライヤーと取引するため、半導体メーカーの動きが自ずと鈍くなるのだ。

たとえば、チップの土台となるシリコンウエハーを考えてみよう。

好況の時には、半導体メーカーはウエハーを多く調達したいが、ウエハーのメーカーにしてみれば、設備投資のリスクは負いたくない。いま持っている設備でなんとかしようとするから、供給量は限られ、ウエハーの価格も上がる。つくりたいのにつくれない。困った半導体メーカーは、将来の分まで予約して確保しようと躍起になる。

ウエハーメーカーに納品するサプライヤー第2層にも、多くの素材メーカーがいて、同じような揺らぎが起きる。それぞれの企業で生産調整にタイムラグが生じ、納入先のウエハーメーカーと呼吸を合わせるのは難しい。

サプライヤーの第3層になると、どこで何が起きているのか、もはや半導体メーカーの場所からはまったく見えない。

地球規模での壮大な無駄

こうなると、信号の色が変わっても人が途切れない渋谷のスクランブル交差点のようなものだ。黄色になったのを見て慌てて走り出す人もいれば、平然と歩き続ける人もいる。赤になっても、流れはピタリとは止まらない。

製造装置の業界でも事情は同じだ。装置メーカーはたくさんの部品を使って生産するが、部品によって製品のサイクルタイムは異なる。開発に2～3年かかる部品もあるため、半導体メーカーが装置メーカーに「増産しなければならないので、いますぐ製造装置が欲しい」と言っても、「はい分かりました」と納入できるわけではない。

このため半導体メーカーは、使うかどうか確信がなくても製造装置を買っておかなければならないことがある。極端なケースでは、高いお金を払って買ったはいいが、実際にはほとんど使わない機械もあるそうだ。

こうしてサプライチェーンのあちこちでボトルネックが現れては消える。半導体メーカーは、自分の工場であるにもかかわらず、生産の量を滑らかにコントロールすることができない。半導体が多くの産業分野で必要とされ、しかも複雑なサプライチェーンで成り立っているがゆえに、半導体メーカーの悩みは尽きることがない。

これを巨視的に見れば、地球規模で壮大な無駄が生じている、ということだ。人類が力を合わせてグリーン化に取り組まなければならないというときに、半導体産業はエネルギーを浪費する構造を残したまま、シリコンサイクルに振り回されている。

社会のデジタル化が進み、このまま半導体の需要が増え続ければ、サイクルが生じていることで起きるエネルギーの無駄は、とてつもなく大きくなるだろう。大げさな言い方をすれば、半導体が地球を殺しかねないのだ。

サイクル発生を抑える気象台を

ならば、シリコンサイクルそのものを消すことができれば……。

夢のような話に聞こえるかもしれないが、ビッグデータを駆使して需給を解析すれば、サイクルの発生を抑えることは技術的に可能ではないだろうか。この本のテーマである２０３０年までには、ＡＩでかなりの精度で部品・材料の流れをつかめるようになっているはずだ。

サプライチェーンの全体像が見えないのだから、個々の企業が風向きを読み取るのには限界がある。天候の変化を予測して注意喚起する気象台があれば、メーカーは右往左往しなくて済むかもしれない。「あのあたりに集中豪雨が起きている」「こちらの方で強風が吹いている」「ここを迂回して、あちらの道を使った方がいい」「その場所であと1時間ほど待てば後はすんなり進める」……。

政府による規制が望ましいわけではないが、モノの流れや設備投資のガイドラインをつくることは可能なはずだ。そのうえで気象台が大きな天気図を描いて情報を発信すれば、企業は無駄な動きを減らすことができるのではないだろうか。

ムーアの法則を破る

そしてもう一つ――。半導体産業が挑まなければならない壁が「ムーアの法則」である。チップの集積度が2年間で2倍になるという経験則で、1965年にインテルの創業者の一人であるゴードン・ムーアが唱えたのが始まりだった。

ムーアの法則に従って、過去50年間でチップの集積度は飛躍的に上がったが、微細化の技術はそろそろ限界に来ている。TSMCが先頭を走り、回路の線幅は7ナノ、5ナノ、3ナノ、2ナノと細くなっているものの、これはもう既にウイルスより小さい世界だ。たとえさらに微細化ができたとしても、安定した製造は難しいだろう。

そこで突破口になると期待されているのが、電子回路を3次元に積み重ねる3D技術や、複数のチップをお盆の上で組み合わせる「チップレット」の技術である。

第Ⅲ章で紹介したTSMC上級副社長のクリフ・ホウは、こう語っていた。

「ムーアの法則の終焉がよく語られますが、私たちはそうは考えていません。3D技術が進歩すれば、まだまだ集積度は上がります。日本はこの分野に強い。だからこそ私たちは東大と組みました」

東大教授の黒田が率いるチームとの、共同プロジェクトのことだ。

平面に詰め込むだけではなく、2階建て、3階建て、さらには高層ビルのように電子回路を設計していく。そのためには、物性物理学、無機化学、電磁気学など、いままでの工学的な半導体技術の枠を超えて、基礎科学の知見を総動員しなければならない。半導体王国だった頃に培った基礎研究の土壌が日本にはある。その資産を活かすときだ。

黒田は、メモリーとプロセッサーの間でデータをやり取りする移動距離が、カギを握るという。「図書館まで行って借りてくるより、書斎の2階に本がある方が、ずっと速くて楽でしょう?」データを運ぶのが「速い」というだけでなく、その作業が「楽だ」というのが、ここでのポイントだ。距離が短いので汗をかかず、消費するエネルギーが少なくて済む。つまり、電力の無駄がないという意味だ。3Dチップとは、グリーン・チップと同義である。

電波の弱い場所や、長い動画をダウンロードしたときに、手のなかでスマホが熱くなって慌てた経験はないだろうか。内蔵されているチップにデータ処理の負荷がかかりすぎると、電力は計算に使われずに熱になってしまう。人間でいえば知恵熱である。

火の玉を抱える

電気を無駄にしない半導体ができると、たとえばスマホが一カ月充電しなくてよくなる。重いパソコン電源ケーブルを持ち運んだり、コンセントを探し回ったりしなくて済むようになる。

一つのチップでもこれほどの熱を発し、無駄な電力を使うのだから、データセンターとなれば電力の消費量は半端なく大きい。データセンターが集中的に立地した地区では、消費電力が大型の火力発電所並みの規模となるという。火の玉を抱えるようなものだ。

世界中のデータセンターを合計すると、2022年の時点で既に世界の電力の2%を消費している。電力消費量は2030年には10倍になり、総発電量の15%を占めるようになるとの予測がある。

ChatGPTなど生成AIがさらに普及すれば、10倍では済まないだろう。囲碁で勝負すると、人間の脳が使うエネルギーが21ワット。これに対してＡＩは25万ワットも消費する。これではデータセンターを生かすために電力を持っていかれ、私たちが生きるために使う量が食いつくされてしまう。人間のためにＡＩがあるのか、ＡＩを生かすために人間の営みがあるのか分からない、倒錯した世界だ。

データセンターの発熱は、地球温暖化にも拍車をかける。熱を生まない半導体の開発は、人類が生き延びるための絶対条件なのだ。

３Ｄやチップレットの研究開発が日本で実を結べば、３つ目の「消費電力の壁」を破れるかもしれない。それは壊れかけている地球を救う新しい半導体技術でもある。

おわりに

この本の初版が２０２１年11月に出版されてから2年がたちます。その間も、そして、いま現在も、半導体をめぐる世界の情勢は日々刻々、目まぐるしく変化しています。

米政府は中国に対する技術封鎖を一段と強めています。日本では世界最先端の技術開発を目指して新会社のラピダスが誕生しました。生成ＡＩの技術革新が起き、世界中にデータセンターが林立し、推論に使われる新しい半導体チップの需要が爆発的に増えています。

大きな出来事がいくつもありましたが、その底流を貫く地政学的な構造は変わりません。半導体をめぐる経済安全保障についての私自身の問題意識も変わりません。

ただ、ニッポン半導体の復活を目指す熱量が高まり、米中の対立がより先鋭化したのは間違いありません。この増補版では特に重要な動きについて加筆し、その背景に隠れている意味を国際政治に照らして解読しようと考えました。

半導体は自然界の岩石を構成するのと同じシリコン（珪素（ケイ））でできています。けれども私にとっての半導体チップは石ではありません。宝石のように感じられます。

半導体に魅了されたのは、新聞社に入ったばかりの駆け出しの記者の頃でした。当時は科学技術を担当していて、企業の研究所や大学を回り、電子回路の集積度を上げる研究者たちを取材していました。

ある大学の先生から「ものすごい大容量のメモリーをつくった企業があるらしい」と聞き、取材を進めて原稿をまとめました。これが日本経済新聞の一面に載った私の初めての記事でした。最初の段落に「メモリーは大容量時代に入る」などと興奮して書いたことを覚えています。

大容量といっても1メガバイトです。いまのチップに比べると1万分の1以下しかありません。それでも1980年代には画期的な発明でした。

この時期、半導体をめぐる日米の貿易摩擦はピークに達していました。制裁だダンピングだと、物々しいニュースが連日のようにワシントンから送られてきます。槍玉に挙げられた企業は戦々恐々としていたはずですが、顕微鏡を覗きながら微細加工に挑む研究者たちは、どこか楽しそうにも見えました。

米国からの政治の風圧がどれほど強くても、技術では米国に勝っている。そんな自負があったのかもしれません。しかし、その後、私たちは技術だけでは国際競争を生き抜けないことを思い知ることになります。

日本の半導体産業は、韓国や台湾に敗れて衰退し、やがて米国の半導体メーカーも息を吹き返していきました。不平等な半導体協定で手足を縛られたこと。資金不足で設備投資ができなかったこと――。いろいろな敗戦の理由が語られましたが、それでも「なぜ?」という疑問が、ずっと頭から離れませんでした。

すっきりとした答えを見つけたわけではありません。ただ、１９９０年代にボストンとワシントンに住んで米国の政治に触れるうちに、さまざまな政策を貫く、何か硬い芯のような国家の意思を感じることが時々ありました。日本ではあまり意識していなかった感覚です。

自動車、写真フィルム、保険、航空など、貿易摩擦が起きるたびに、交渉の現場を追いかけて世界を駆け回りました。日本の官僚たちは、しっかりと理論武装をし、綿密に作戦を立てて米国の交渉チームを追い詰めていきました。その姿は武士のように勇ましく、「通商戦士」などと呼ばれたこともありました。

日本はまさに連戦連勝で、ついに自動車交渉では米国の制裁手段そのものを使えなくしたほどです。勢いに押されて、米国人たちは、たじろぎ、時には悔しがっていましたが、いま思えば「やれやれ参ったな」というくらいの気持ちが心のどこかにあったのかもしれません。

日米の通商交渉は猛烈な熱を帯びて盛り上がり、そして最後にはいつも潮が引くようにあっさりと終わりました。そのたびに、この国は守っているものが違うのだなと思いました。

ほんの何回かだけですが、米国が本気になって日本に怒り、国家の芯を覗かせた場面があります。戦闘機「ＦＳＸ」を独自に開発する日本の計画を阻止したとき、東芝機械がソ連に工作機械を輸出した東芝機械ココム事件、そして半導体摩擦です。

日本にとって半導体はビジネスの問題でしたが、米国は国家を守っていたのでしょう。半導体が国力の柱であることを知っていたからです。日米半導体協定で日本の活力を削いだうえで、稼いだ時間を使って国内の半導体産業を立て直していきました。

１９９６年の交渉では、米国に協定延長を断念させて日本が勝利を収めました。しかし、その時期は米国の半導体産業が元気を取り戻した復興期に重なります。胸中には「もう大丈夫だろう」と思っていた部分もあるでしょう。協定は用済みになっていました。

あれから30年近くがたち、私たちはいま火花が散るような米中の対決を目の当たりにしています。今回は政治体制がまったく異なる国家のぶつかり合いですから、日米摩擦とは次元が違う戦いです。米国は芯を隠すことなく、真正面から中国の半導体産業をつぶしにかかっています。

中国の企業にも、世界最高のチップをつくってみせようと、額に汗して頑張る技術者たちがいます。台湾には、微細加工の技術で世界の先頭を走り続ける精鋭の頭脳集団がいます。先が見えない半導体戦争のトンネルのなかで、いま彼らは何を感じているのでしょう。

その胸中に想像をめぐらせると、１メガのメモリーを開発した日本企業のチームの方々の顔が、ふと浮かびます。

この本は、国々が覇権を競い合う国際政治のゲームを、半導体を通して眺めてみたいと考えて書きました。調査と取材のなかで、日本の半導体産業を復興させるヒントが見つかるのではないかという期待もありました。

その目的を果たせたかどうかは分かりませんが、私の報告が少しでも読者のみなさんのお役に立てるのであれば幸いです。

取材、執筆にあたっては、内外の政策、国際情勢、先端技術、企業経営、経済史など、さまざまな分野の専門家の方々から、協力と助言をいただきました。

早稲田大学教授の戸川望さんには、半導体の技術について基礎から丁寧に教えていただきました。戸川さんが私の影のアドバイザーです。また、編集者である日経ＢＰの堀口祐介さんには、増補版でもお世話になりました。心より感謝申し上げます。

この本のほとんどの部分は、オフレコの取材を土台にしています。そのため残念ながら、文中に登場しない方々のお名前をすべて挙げることはできません。この場を借りて匿名のみなさんにお礼を申し上げます。なお本文中の敬称は略させていただきました。肩書は執筆当時のものです。

最後にひとり、大きな感謝を捧げたい人がいます。妻、太田有美には、構想を練る段階から、さまざまな情報の収集、構成や文章の流れまで、多くの助言と励ましをもらいました。彼女の知恵と支えがなければ、私はこの本を書くことはできませんでした。本当にありがとう。

２０２３年11月

太田　泰彦

太田泰彦
Yasuhiko Ota

日本経済新聞編集委員

1985年に入社。米マサチューセッツ工科大学（MIT）に留学後、ワシントン、フランクフルト、シンガポールに駐在し、通商、外交、テクノロジー、国際金融などをテーマに取材。一面コラム「春秋」の執筆を担当した。

2004年から21年まで編集委員兼論説委員。中国の「一帯一路」構想の報道などで2017年度ボーン・上田記念国際記者賞を受賞した。著書に『プラナカン 東南アジアを動かす謎の民』（2018年、日本経済新聞出版社）などがある。

1961年東京生まれ。北海道大学理学部卒業（物理化学専攻）。

2030 半導体の地政学［増補版］

戦略物資を支配するのは誰か

2021年11月19日　1版1刷
2024年2月14日　2版1刷
2024年3月7日　3刷

著者　太田泰彦
©2021 Nikkei Inc.

発行者　國分正哉
発行　株式会社日経BP
日本経済新聞出版
発売　株式会社日経BPマーケティング
〒105-8308
東京都港区虎ノ門4-3-12

ブックデザイン　新井大輔
本文DTP　マーリンクレイン
印刷・製本　シナノ印刷

ISBN978-4-296-11896-0

本書の無断複写・複製（コピー等）は著作権法上の例外を除き、禁じられています。
購入者以外の第三者による電子データ化および電子書籍化は、
私的使用を含め一切認められておりません。
本書籍に関するお問い合わせ、ご連絡は左記にて承ります。
https://nkbp.jp/booksQA
Printed in Japan